美化家庭编辑部　著

• 装修不返工 •

装修工法

破解全书

华中科技大学出版社
http://www.hustp.com
中国·武汉

⬥ 装修工法的好坏，决定一间房子的质量。

绝不藏私的装修师傅，有劳了！

在一次工地田野调查中，为了实地了解装修过程，我们见到了正蹲在地上贴砖的工人师傅，负责解说的工长说，师傅已经70岁了，从年轻时做到现在，有着很老的资历。老师傅见编辑拿起手机拍摄记录，就亲切地对我们解释说："你看那土膏水（水泥、海菜粉、树脂水、水的混合物），不能调太稀，也不能调太稠，你看这样就太稀。""砂倒好后，要拨匀压实，再补点土膏水……"

对泥工还是门外汉的编辑，看着那一桶水，其实还是丈二和尚摸不着头脑，心里想怎么看都是灰色泥水，都是稀的，当头脑里上演着"十万个为什么"时，师傅很有耐心地边铺砖，边详细讲解每一个步骤，明明是在重复同样的动作，但还是耐心地娓娓道来，就怕漏讲了上一道程序。我们跟着师傅一起蹲在地上，仿佛是跟班小徒弟正跟着老师傅在工地实习。

泥工师傅的经验里有岁月累积的资历，潜藏着科学比例的实证，有着最基本的泥工调配配方：水泥、砂石、水，会因调配比例不同，衍生出不同的特性。不追问还好，一追问，编辑就"入坑"了，且欲罢不能。

于是编辑部决定将事情"搞大"，为装修工法出版专业书，要用浅到不能再浅的白话，解释丰富的专业知识，做一本让装修小白也能看得懂的工具书。

于是，我们疯狂地走入了装修工法的"地狱"，在请教设计师之余，也和工人师傅讨教工法知识，仔细比较多种工法的优劣。不过就像采访个案中的设计师说的，工法没有绝对的好坏，只有会不会用，有没有相对应的配套措施。明明感觉白砖墙最好别拿来当浴室隔间墙用，但只要防水工程做好做到位，又何必直接摆手拒绝呢？

我们不敢说这本书的专业程度是业界的天花板，但至少打开了装修工法大门的一个小缝隙，罗列整理了装修工法顺序与注意事项，从粗坯打底到结构砌砖，也将业内常见的装修工法分门整理。但书中尚有许多不足的地方，未来还有待编辑努力开拓新天地。最后，谢谢署名推荐的专家们，为编辑部提供宝贵建议，更再次感谢一路相助的朋友们。

美化家庭编辑部

第一章
原来房子不合格跟施工没做好有关系？

| 通识 01　装修步骤没做好，时间久了，问题接踵而至 | 008 |
| 排除装修障碍 20 问 | 009 |

第二章
了解装修基础工程顺序

通识 02　工序不能跳着做，工程要好，步骤必须正确	044
放线：结构整平就靠它	046
> 替房子找水平和垂直，调整平整度，确立窗框和隔间墙位置	047
> 确定整平厚度，按基线增减水泥砂浆	050
素颜底妆：粗坯打底与细底粉光的对比	053
> 粗坯打底整平，为贴砖做基础准备	055
> 细底粉光气孔要光滑，为上油漆贴壁纸做好准备	060
隔间砌砖：架构格局与补强	064
> 红砖隔间：新旧墙衔接要植筋补牢	065
> 轻隔间：施工快，成本亲民，大楼装修主用	071
防水处理：房子不漏水，不长壁癌的最大保障	074
> 浴室防水：天地墙 360 度零死角防水最好	075
> 门窗框嵌缝与防水，边角补强才是防漏重点	080
> 房顶与外墙防水，有保护层也要注重排水效果	083

第三章
装修工法秘技步骤一举公开

通识 03 装修无懈可击的秘密：先重工法步骤，后玩升级创意　088

干式工法：二次施工花时间，但平整度好掌控　089

软底大理石工法：地砖好控排水，但不能重压　108

湿式工法：最适合用来贴浴室地砖　118

鲨鱼剑工法：成本低，施工快速　125

进阶加工：纯手工的马赛克艺术级工艺　131

GRC 施工工法：玻璃纤维夸张塑形　138

通识 04 材质、角度、界线定位，完美收边秘方　140

抹缝处理：补平瓷砖缝隙，求美与填坑疤　144

墙壁边角处理：阴阳角通用的正角对接法　148

瓷砖阳角处理：美感至上的 45 度倒角法　152

立面交接边界处理：收边条，90 度角的收边神器　155

第四章
挑瓷砖不只要美，也要知识打底

通识 05 根据空间需求，配对瓷砖特性，肯定不吃亏　160

九大必懂名词：瓷砖好坏全看它　164

十大买砖迷思：免踩线又能抬高性价比　176

五大空间推荐：按需求挑特性，配工法　187

附录　装修工法专有名词表　200

合作厂商致谢名单　202

第一章

原来房子不合格
跟施工没做好
有关系？

施工在设计装修中"管辖"范围大，

房子哪里出了问题，

未必是设计出了差错，

也可能是"工"没有用在对的地方。

装修步骤没做好，
时间久了，问题接踵而至

工班师傅口中所说的装修，也就是我们常说的室内设计，或是开发商的新建方案，最常忙进忙出的工人非泥瓦工莫属，在房子灌浆拆板模后，就开始与之紧密相连。

装修质量不好，与设计创意没有直接关系，问题往往发生在"工"本身，在施工的过程中没有按照规矩走步骤，该按部就班的却乱了套。这并非使用的工法本身出了问题，而是每种工法都有它适用的场所与先天条件，"工"要用在对的地方，而且泥瓦工是众多工种里面最不能强"赶工"的，每种工序的衔接顺序都不能胡乱颠倒。

⬆ 泥瓦工工序不只有贴砖。图仅示意。（汉桦瓷砖提供）

⬆ 植筋

植筋是建造隔间墙的必要手法，目的在于使墙体具有稳固性，避免坍塌，而在旧墙体和新建墙体之间，还需要铲除旧墙的墙皮或油漆表层。（穆刻设计提供）

⬆ 留缝

砌砖或贴砖，或者是木工、泥工等工程接口的衔接，都需要预留缝隙，主要是让建材有热胀冷缩的空间，不同材质所需要的缝隙各有差异。

⬆ 排水坡度

浴室、阳台、骑楼，甚至是厨房，需要将水排出，地坪须是倾斜的，不能是水平的。施工时，需要拉出合适的斜度，让水顺利流走，避免积水。（工聚设计提供）

问题 1　室内窗边瓷砖有裂痕，室外缝越裂越大，潜藏危机？

真相

瓷砖有裂痕，由结构拉扯所导致的可能性大，特别是地震摇晃，经年累月下来，小缝变大缝。还有另一种可能性，或许是装修师傅贴砖时，选择了"菜刀"式贴法，埋下了裂痕隐患。瓷砖经切割后原本的结构被破坏，变得脆弱。在窗框边贴砖时，为了美观，会将瓷砖切割成"L"形菜刀状，这样很容易从宛如把柄处的瓷砖斜角面开裂，时间久了，裂痕有逐渐变大的危险，若外墙防水层没做好，水汽自然会从瓷砖裂缝处钻出一条水痕来。

⊙ 老房改建时，旧砖墙大多有渗水问题，需要重新翻凿结构换新砖，窗框边加装收边条，顺势做出排水坡度。（恒岳空间设计提供）

解决办法

方案 A 减少硬度破坏的块状贴法

在窗边角拆掉两块瓷砖的"八"字贴法，可避免窗框边瓷砖裂开的风险，因为瓷砖裁切，形体依然是长方形线条，硬度没被严重破坏，裂痕概率较低。

方案 B 外墙防水层重做

重做外墙的防水层可获得更大保障。不过重做防水层要敲掉外墙砖，刮掉旧防水层，重新处理，花费大，也较耗时耗工。

⊙ 防渗水，最好里外加强，但外墙处理要小心，避免伤到主体结构。（图仅示意）

工法小知识 1："菜刀"式贴法

"菜刀"式贴法又可称为"L"形贴砖法，是将瓷砖裁切成菜刀形状，沿着窗框边砌，连地坪也是遇到墙角时就用这个方法。这种砌法的好处是能减少缝隙，整齐划一，较美观，许多以造型为优先的设计师，自然将"菜刀"式贴法放在第一位。

但要注意，菜刀（L）形可细长，也可扁宽，越是细长，硬度越堪忧，容易在短身细小处产生裂痕，时间久了，便有漏水的风险。而在裁切"L"形瓷砖时，大尺寸的砖被切成越细的"L"状，越容易损坏，从而增加损料成本，对此业主要谨记在心。不过如果窗框外部没有被泼湿、雨淋的问题，采用能兼顾美观的"菜刀"式贴法，何乐而不为呢？

▲ 瓷砖裁成"L"形，一侧越细长，越容易脆弱折损，很容易从"L"的转角处龟裂。

▶ 瓷砖裁成"L"形，虽美观，但容易变脆弱。

工法小知识 2："八"字贴法

窗框四角以"八"字瓷砖围绕，瓷砖间的接缝刚好落在窗框边，确保了瓷砖的稳定性，同时减少了龟裂危险，但比起"菜刀"式贴法，令人介意的缺点是，其瓷砖块数越多，缝隙也会越多，影响美感。是否选用"八"字贴法，就要看使用者的第一主张是什么了，美观与实用有时能兼顾，有时要舍弃其一。特别是直接接触户外的外墙窗框贴砖时，时间久了，便可得知防水性的优劣，想要减少日后烦恼，在实用至上的情况下，"八"字贴法是首选。

▲ 窗框周边的壁砖，以整砖贴较佳，尽量避免将瓷砖切割成"L"形。（左为恒岳空间设计，右为开物设计 / 天工工务所执行提供）

问题 2 我的房子不在顶楼，也没有对外墙，为什么墙壁还会有壁癌？

真相

有壁癌表明墙壁有裂缝，有水汽沿着墙体的缝隙窜流，所谓水滴石穿，道理就在于此，水汽会慢慢地侵蚀裂痕，长期下来，当水分无法实时排出时，容易聚集水分子的地方就成了壁癌的集散地。而水汽究竟从何而来？其中之一，很有可能是浴室本身的防水没做好。

现代住宅多为轻隔间墙体结构，特别是隔间墙材质都选用吸水性高的白砖，当浴室墙面防水没做到位或穿透到隔壁时，水汽会顺着孔洞细缝窜出，时间长了，湿度够了，壁癌就自然产生了。

◎ 装修什么都能省，唯独浴室的防水不能省。

解决办法

方案 A 浴室墙面全面做防水

对浴室全面做防水层，可以顶到天花板，连天花板都做好做足才最为保险，全面防堵水汽乱窜。

而室内设计师多要求：将壁砖贴到哪儿，就要把防水做到哪儿，不过现在的浴室多封天花板，连带使防水退而求其次。壁砖只贴到封板高度，大致是240厘米高，那么防水层也跟着做到240厘米处，被封住的那段天花板，则鲜少做防水层。

◎ 在浴室边角加一层防水无纺布，加强防漏效果。（恒岳空间设计提供）

方案 B 低成本排风设备辅助改善

去除壁癌，也需要轻隔间相邻的浴室有紧急的补救措施，这样才能双管齐下，才能避免壁癌产生。但有些业主考虑到敲掉浴室墙壁砖重做防水的成本，会略有迟疑，在这种情况下，强化排风系统，让水汽迅速挥发，未尝不是节省成本的做法。

▶ 浴室重防水，也要注重通风，以便室内水分尽快蒸发。很少有浴室天花板没装排风设备的人家。（工聚设计提供）

浴室防水的小秘密 1：顶部天花板做防水的不多！

浴室墙面防水层很少有全做的，一些建筑案例的防水可能只做到 150 厘米高，大约是莲蓬头冲洗的高度，浴室长期使用下来，难保水汽不会在更高的地方凝聚流窜；有时，即便浴室壁砖贴到 240 厘米高，防水层也未必跟着一起拉高。有一种说法是水汽在底部较重，越往上，影响越小，因此防水层不用跟着做一样高，属可有可无。

如果预算足够，能全面做防水处理，就再好不过了。

▶ 一般内部装修的墙面防水层会做到天花板高度，亦即贴瓷砖的高度，顶部很少加做防水，这多半涉及预算。
（恒岳空间设计提供）

浴室防水的小秘密 2：小心排风设备是假的！

留意排风设备的管线流向，有的虽然安装了排风扇，但实际上并没有引导排风的出口，也就是所谓的假排风，浴室的湿气水分挥发问题仍然没有得到解决。又或者排风管只处理到管道间，特别是大楼，没有封牢处理，同栋大楼只要有人使用浴室，哪家用了某品牌的洗发精沐浴乳，甚至有人抽了烟，味道就会在管道间流窜，这点需要留意。右图为排风设备示意图。

▶ 浴室排风扇最好能安装在淋浴间周围的天花板位置，当使用卫浴时，产生的水蒸气过多，可就近从通风口排出。

问题 3　寒流发威，地板鼓起碎裂，难道是设计师挑错了砖？

真相

不全然是砖的错，有可能是气候极端变化所导致的，也有可能是装修师傅施工有瑕疵。设计师常说的"放鞭炮"，就是指地砖莫名空鼓龟裂，并且是一整排碎裂，问题可能出在前期的瓷砖烧制的质量不稳定，且相关人员挑砖时没有注意，用了劣质品。至于工法部分的原因，无外乎下列几种。

原因 1：师傅贴砖时，都会预留缝隙，让砖与砖之间有热胀冷缩的呼吸空隙，但缝隙如果太小，遇到如今的极端气候，就会导致瓷砖碰撞破裂。而且留缝不只是因为有热胀冷缩的问题，还因为地板本身是水泥层，和瓷砖之间要靠砂浆黏着剂来相连，但彼此的热胀冷缩系数不同，自然也会导致空鼓裂块。

原因 2：地砖的施工没按照步骤来，为了赶进度，没做好清洁工作而快速施工，不仅造成平整度出现问题，而且因地砖没粘牢，空气跑进地板和瓷砖间的夹缝中，形成了"空"心砖，时间一长，再遇上寒冷天气，"放鞭炮"便出现了。

原因 3：因瓷砖的翘曲度和平整性没把握好，师傅只是放砖粘贴，仅注重固定四个角，并没有用橡胶锤由内向外轻敲，没能将砂浆土膏和瓷砖之间的空气彻底挤压敲出，导致瓷砖贴附不到位。这样不但地砖容易脱落，而且天气一冷，立马就成为地砖碎裂的导火线。

⬆ 地砖重新整修时，要拆除干净。以上为示意图，非实际案例。（穆刻设计提供）

⬆ 只有每个步骤都恪守规范才能达到高质量。（穆刻设计提供）

解决办法

方案 A 地砖选购：留意产地规格标签和翘曲度

女怕嫁错郎，地砖也怕挑到黑心货，那就看认证标签准没错。国产的一定比进口的好吗？国产的质量当然有一定保障，舶来品也有它的优缺点，这点见仁见智，但选瓷砖不外乎以下几个注意点。

注意点 1：买前注意出产地。若遇到东南亚产的进口砖，也不是全都不好，而是要挑对质量。国产货也一样。

注意点 2：认证标签不可少。我们买洗发沐浴用品，甚至保养品、食物时，都会仔细检查商品的成分，有无通过国家相关规章验证，瓷砖同样也有标签程序。吸水率、抗折度、标识等，不同属性的瓷砖有不同的认证检验，一般来说，国产货的中文标识清楚，可按图索骥，检验条形码，但进口砖的部分中文标识不明确，不明确便潜藏着一分风险。

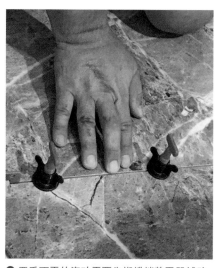

◑ 严重不平的瓷砖需要靠蝴蝶梢整平器辅助。

注意点 3：如果选硬度不足的瓷砖当地砖，不用等寒流袭来，一放重物就会碎裂。

注意点 4：大尺寸地砖容易出现翘曲度的问题。有翘曲度问题的地砖不够平整，搬砖时，一旦发生碰撞，边角便会碎裂，师傅贴砖时，就会出现不平整现象，特别是大尺寸地砖，60 厘米 ×120 厘米以上的，更容易出现，即使选用高规格的瓷砖，仍难以避免。师傅在贴大尺寸地砖时，多会运用整平器来辅助，以确保平整，防止出现空心现象。

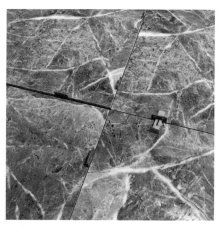

◑ 大尺寸地砖颇易出现翘曲度问题。

方案 B 注意工法规矩：留缝不过密 + 慎用鲨鱼剑工法

记住瓷砖也是要呼吸的，只关注美感，甚至来个无缝贴砖，只会让瓷砖热胀冷缩时，没有空间可以伸缩，砖与砖之间长期碰撞接触后，会有裂痕，所以师傅多半至少预留 2 毫米的空隙，部分设计师为了追求极致美，会留 1 毫米的缝，降到这么低，没有什么不好，就看瓷砖本身的膨胀系数适合不适合。好比户外的二丁挂（装饰外墙的一种砖，长条形，也叫条形砖），便不能留少于 2 毫米的缝隙，它需要预留更大的伸缩空间。

部分装修师傅贴地砖时会采用鲨鱼剑工法，意思是拿着锯齿状工具刮平地坪砂浆贴砖，这种工法的好处在于可以快速施工，但遇到大尺寸地砖时，就容易使地砖内藏空气变空心，为日后埋下隐患。

● 通常靠墙壁的瓷砖，机器切割时受到尺寸角度的限制，缝隙会过紧或过松，但应尽量避免超过误差值。

● 设计师觉得瓷砖缝越小越好，以达到视觉美观，但缝隙尺寸不够，只会使瓷砖的呼吸空间变少，给未来徒增风险。

工法小知识：
干式、湿式和鲨鱼剑工法

基本有 3 种贴砖工法，各有优势。干式工法，底要先干透，再一块一块贴，很耗时间；湿式工法，砂浆底层要湿软，多用于浴室厕所地坪；若砂浆层半干半湿，则叫作大理石工法，近年兴起的鲨鱼剑工法，砂浆底层也是半干半湿，但求快速施工，可以一口气大面积贴砖。

问题 4　一不小心撞到墙转角，结果被壁砖刮伤，不是刚装修好吗？

真相

这是收边没做好，墙边角瓷砖锐利没处理，才会一碰就刮伤。

墙面不可能一直水平延伸，和其他立面没有交接点，在面与面的交错处，会形成阴角和阳角。所谓的阳角就是两墙交接部位的外凸处，这里贴砖要格外注意，若只是采用正角收边，在瓷砖种类不一的条件下，侧边未必都有釉面，如果粗糙面暴露出来，确实有弄伤娇嫩皮肤的可能性。所以在阳角的地方，特别是浴室，建议以收边条隐去尖锐的瓷砖边缘，或者以 45 度倒角收边，将接面的瓷砖背打磨拼组成 90 度角，降低瓷砖锐利所带来的风险。

另外，如果选择四周边缘有斜度的瓷砖，如复古砖、地铁砖类型，则要注意 45 度倒角收边有无补强措施，因为边角本身带有斜度，如果是一整块完整的砖便罢，要是遇到需要裁切，再加上要磨边的砖，怕是不好衔接，反倒成为刮伤的罪魁祸首。

🔺 两侧墙交接部位的外凸处称作阳角，正角收边较不美观，边缘锐利，容易刮伤人。

🔺 墙角的正角是贴砖收边，时间长了砂浆填缝会有裂痕，进而引发崩落风险。

方案 A 收边条施工便利

墙壁的阴角直接与正角结合，阳角凸起处可依瓷砖的颜色和材质，选择质感相近的收边条。

收边条的好处是，不用将瓷砖磨边做二次加工，可省去现场人工与调整时间。除此之外，即便不结合边角，收边条也能作为墙壁同一平面的修饰手法。

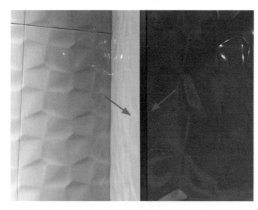 

◑ 收边条用于瓷砖阳角，用平修饰和衔接两侧壁砖。　　◐ 收边条材料可根据瓷砖色泽选择合平需求的类型。

方案 B 45 度倒角结合，美观第一

也可将阳角的收边条改为磨边 45 度的瓷砖。想将角度贴得刚好，现场要不时比对要相接的瓷砖吻合度，如果抹浆贴砖因背胶的厚度改变了瓷砖的密合度，装修师傅须趁砂浆还未固定时临场调整，细微缝隙则通过（石灰）填缝处理抹平。部分设计师为求精准，会先将瓷砖送回工厂，用水刀加工。

◐ 贴砖美化收边。（开物设计 / 天工工务所执行与提供）

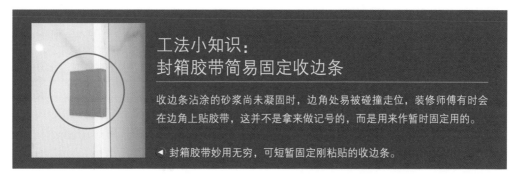

工法小知识：
封箱胶带简易固定收边条

收边条沾涂的砂浆尚未凝固时，边角处易被碰撞走位，装修师傅有时会在边角上贴胶带，这并不是拿来做记号的，而是用来作暂时固定用的。

◀ 封箱胶带妙用无穷，可短暂固定刚粘贴的收边条。

问题 5　刚改装好浴室，为什么水排得很慢？

真相

水排不出去或是排水慢，原因有两种：一是改装时，工人师傅没有彻底清扫污泥废料，将脏污废料往排水孔倾倒，导致排水管道堵塞；二是当初的排水坡度没拿捏好，导致水流一时间无法排彻底，短暂积水。

如果是第二种原因就要注意，长时间在排水孔周遭积水，无法排掉，只能靠水分自然挥发，那么日子久了，潮湿霉菌就会找上门。另外，排水孔的位置没和排水坡度结合考虑，高于排水坡度，水自然不易排掉。

⬆ 浴室长期使用下来，可能因为排水慢，加上水本身有水垢，让瓷砖渐有污垢。

解决办法

方案 A 彻底清理排水孔

如果只是排水孔堵住了，请清洁公司将污泥清除干净即可，同时还能顺便将整个房子的管道全部清理干净，确保管道间的通畅。

另外，排水孔堵塞未必是表层孔盖毛发过多，也可能是下方的落水头长期使用后，沾黏脏污，皂化污垢，这里也要注意清洁。又或当初改装时，落水头与排水管衔接不当，导致水无法顺利排泄。

⬆ 浴室排水孔常有毛发脏污堆积问题，不仅要清洁表面，最好也能定期清洁管道。

方案 B 靠小砖缝隙排水

有些设计师会推荐用马赛克砖贴浴室厕所地面，因为马赛克砖尺寸小，相对贴砖的缝隙跟着变多，缝隙一多，排水渗水概率就变高，水分挥发速度快，这样就不用担心浴室厕所潮湿，而且防滑效果也佳。但也有人认为缝隙越多，滋养霉菌的温床越多。

◆ 浴室贴马赛克砖很稀松平常，排水虽好，但缝隙多也会有清污问题。

方案 C 重做排水坡度

当上述提案都无法解决问题时，不用犹豫，直接敲掉浴室厕所地砖，重来一回，千万别想在瓷砖上盖瓷砖，重做排水坡度，只为了省去拆除费用。在敲掉地砖的同时，注意在墙壁和地面衔接的角落结合处，重做防水层，而排水坡度每100厘米便要下降1厘米，装修师傅选择以干式工法贴砖，做防水层前，会先行设定排水坡度；在用湿式工法贴软底时，师傅会在现场边做边调。尽量不选大尺寸的砖，翘曲度出现问题不要紧，排水坡度预测失准才是问题。

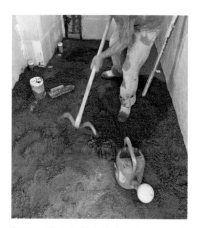

◆ 浴室要注意排水坡度。（工聚设计提供）

◆ 浴室厕所工程学问大，防水、排水坡度等的安排，以及管道铺设位置，稍有不慎，浴室厕所便只能看不能用。
（工聚设计提供）

问题 6　户外下大雨，窗框冒水珠，是外墙有裂缝吗？

真相

排除管道的问题后，很有可能是外墙防水层出了问题，墙壁建造时会出现空隙漏洞，使得水分子有机可乘，四处窜洞，所以才会在下大雨，特别是连续下大雨时，水从外墙顺着孔洞流到室内墙面。只看户外砖，很难察觉，新房子多是过一段时间后，问题才会爆发，倒是老房子，一下雨，马上出现问题。

除此之外，如果该窗是二次施工打造的，窗框填缝和防水没处理到位，很容易让水沿着缝隙在墙面乱窜。有的住宅位处地震带，特地用钢筋混凝土建造，但当混凝土密度过大时，反而会失去拉扯弹性，容易形成断裂缝隙。

● 如果外墙砖有裂缝，要考虑是两个不同墙结构的结合点，还是有其他原因。

解决办法

方案 A 救急打针，施工快但不持久

俗称的打针，就是利用高压灌注环氧树脂，先沿着室内墙壁有漏水的两侧打进针管，将发泡剂等由针管灌入墙壁结构，让化学药剂遇水膨胀，塞住漏水孔洞。

不过这种方式只能堵水，并不能实际防水，效果也仅能持续几年光景。有人说它治标不治本，但它施工快速，相对于重做防水层，成本显然低廉，就看业主怎么抉择了。

● 外窗设计，要注意窗框边的漏水危险，特别是老房子。以上仅为示意图。

方案 B 室内打针，外墙敲砖：重做防水有保障

▲ 一旦室内窗边有渗水，就要评估外墙，重做防水。

最好的解决办法自然是室内打针补强，外墙重做防水层。或许无须将一整面外墙全部重来，毕竟户外砖需要剔除，既有的防水层也要同步剔除，再加上弹泥（弹性水泥）或其他防水剂，最后再重新贴砖，这样工程相当浩大，考虑到成本压力，又鉴于渗水处往往是靠窗嵌缝区域，会以渗水墙壁为中心向外放射，外扩部分须重做防水区域，局部打掉瓷砖，将防水工程再做一遍。

工法小知识：防漏水针

虽然打针处理有使用年限的问题，但在一些防水工程中还是会用到。主要是它施工快，适用于窗框周边、楼板、墙面等小面积区域，不需要重新拆砸墙壁。业内的打针用剂，一般可分为环氧树脂和聚氨酯发泡剂，环氧树脂多扮演结构补强角色，多半以聚氨酯发泡剂来止漏。使用后者并没有什么不好，但可搭配其他防水材料（漆料），加强其效用。

问题 7　装修验收时发现地板瓷砖有裂痕，是瓷砖质量出了问题吗？

真相

是，也不是。装修工程中会先做地板保护工作，以防物料进出运送时刮损地砖，甚至是已做好的墙壁修饰、楼梯把手或门片等，为避免不同工人师傅进退场施工意外产生刮痕，都会格外注意，采用保护措施。所以，地板保护贴层没做好，或只铺薄薄的一层垫子，也可能出问题。

再者，现在人们很喜欢贴大尺寸的砖，80 厘米 ×80 厘米已经是常规，60 厘米 ×120 厘米以上快成王道了，但大尺寸的砖最不平整，

▲ 验收地砖时常见的裂痕，会在边角处。

中心空鼓很明显，瓷砖四个角落易有碎痕，以至于装修师傅贴砖时，除了小心之外，还要运用不少整平器来辅助调整平整度，遇到两砖高低落差过大时，甚至会动用蝴蝶梢整平器，但这类整平器的探头金属线极为纤细，必须在水泥砂浆未全干前拔出，否则硬敲很容易让金属线刮到地砖，造成缺角或刮痕，这要靠事后补救，严重的还要重新换砖。

◐ 蝴蝶梢整平器虽能帮助整平，但也要小心使用。

解决办法

在贴砖施工方面，装修师傅要注意步骤是否做到位，使用蝴蝶扣时，注意放置时间，通常上午施工，下午大约半干时，就可以拔除，不用等到水泥全干。瓷砖尺寸大无所谓，要尽量选择有质量保证的品牌，有质保期更佳，但须注意厂商的质保书中是否有此规定：有无按照正确方式施工填缝，可是会影响瓷砖厂商是否履行质保承诺。

在裂痕不很明显的状态下，可通过补粉（瓷砖修补剂）方式来修饰龟裂纹路；裂缝过大，或者业主自身很在意细节，即可考虑敲砖重来，这时预留瓷砖变得很重要，不管贴哪种砖，都要请师傅预留半盒数量以备不时之需。预留数量不足，需要换砖，尤其是换特殊花色的砖时，可能会有麻烦。

◐ 整平器可协助确保贴砖平整度，但放置时间不宜太久，避免伤及瓷砖。

◐ 没用到的瓷砖可留下一部分，作为日后更换使用。图为示意图，非个案。（创喜设计提供）

问题 8 墙壁油漆重新批灰上漆还裂开，是漆不好还是墙壁本身糟糕?

真相

可能是施工赶进度惹的祸。墙壁水泥粉光还没干透，便急着批灰上漆，当表层干的速度快于底层时，位于油漆下层的粉光面，其水分渐渐散去，拉扯到油漆批灰，自然会出现裂痕，人们误以为是油漆不好，实际是装修工序没掌握好导致的，特别是新房子，有些开发商要赶工期，有期限压力，以致在油漆环节出状况。

可也别全怪工人和开发商，要让水泥粉光面连同结构体的混凝土达到全干状态，少说也要一两年，而且水泥也不一定不裂，试问哪个房子的装修能等那么久才进行下一道工序。不过，如果房子是已建好数年的毛坯房，则另当别论了。

🔵 新屋油漆涂上没多久，就有裂痕产生，可能是因为底层的水泥粉光尚未干透就上漆。

解决办法

已经涂上油漆的墙面，考虑1至2年后，重新批灰上漆，这段时间内，结构混凝土的水分也蒸发得差不多了，混凝土粉光有裂纹的，大致也定了底，重新粉刷油漆，正好可以修饰业主最在意的裂痕，只要注意油漆以喷漆方式进行，表面会有一小点一小点的洞，那是喷枪喷漆导致的，事后重新批灰抹平即可。再者，一般空间规划，天地墙会再另外包覆或作其他用途，不会让墙面以素底示人，这就要看业主的接受程度了。

🔵 墙壁水泥粉光，不管是内墙还是外墙，一段时间后，总有裂纹产生，重新装修时，墙面多半要剔除到底层。

问题 9　新房盖好不到 2 年，外墙砖掉落，是开发商施工质量不佳吗？

真相

老旧的大楼户外砖墙脱落，是因为长期日晒雨淋、温差过大，以致瓷砖膨胀收缩过猛，而出现脱落现象。若是新建筑，请先确认二丁挂墙砖的贴砖缝隙是否大于一般室内贴砖留缝的 2 毫米，毕竟二丁挂受限于瓷砖特性，需要更多空间热胀冷缩。再者便要看当初师傅施工时，有无注意打底和防水环节。

⬥ 老旧房子外墙能翻新就翻新。图为示意图。
（引里设计提供）

解决办法

方案 A 弹泥、防水漆一层层加厚

最到位的步骤是将原防水层、粗底层清理干净，以见到建筑物的钢筋混凝土层为宜，再重新做防水打底，并遵守每步均干燥的原则。部分装修师傅选择弹泥当媒介，兼做防水，那也需要一层层涂布，等干了再涂，这样才有效果，不至于因为粗底水泥的高吸水率而让弹泥劣化，间接影响瓷砖贴合效果。

⬥ 外墙瓷砖同样是水泥粗底贴砖，但因为是建物外部，还须强化防水层。

方案 B 留缝少说也要 1 厘米

二丁挂的陶质砖的特点是，强吸水性，需要宽一点的留缝进行热胀冷缩，至少留 0.5 至 1 厘米宽，其余交由填缝处理。另外贴瓷砖时，可适度洒水，避免涂土膏时，二丁挂抢先吸走其他水分，以致土膏干太快会松裂，使二丁挂松动脱落。

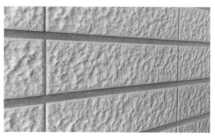

⬥ 二丁挂砖的缝隙要够大。

问题 10　文化石墙不牢靠，没多久竟会脱落几块？

真相

想要有漂亮的文化石墙，靠的是益胶泥之类的背胶，以超强吸附力粘住墙壁。许多业主想要自己动手制作，文化石墙应是颇好入门的装修工程。但如果遇到粘不牢的问题，则回归到施工的基本问题。细底水泥粉光过后，已经过油漆处理的墙壁，想要直接贴文化石，附着力难免会受影响，尤其贴的是有重量的天然文化石，如果墙面过于光滑，贴了它只会受引力作用往下沉。

所以一定要进行打毛工作，黏着剂尽量用益胶泥取代海菜粉土膏，黏性越强越好。如果要粘贴的墙面非混凝土、红砖墙，而是硅酸钙板、木作墙之类的平滑面，更要强化表面的抓力。

⬥ 不同材质接口，会影响贴砖工序。

解决办法

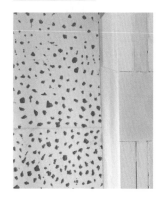

方案 A 油漆面先打毛模做粗底效果

谨记粗坯才能贴砖的概念，光滑墙面可用电钻钻洞，四处钻凿，洞深约 1 厘米，勿伤及结构体与嵌埋在墙内的水电管道，制造出粗坯打底的样貌，而在贴文化石前，记得将打凿墙壁产生的灰屑泥块清理干净，石砖要保持清洁，这样粘贴才有效果。

◀ 油漆墙要贴砖，墙面最好要打毛。图为示意图。（穆刻设计提供）

方案 B 木板墙可先上龟甲网，增强粗糙度

木作夹板墙体无法进行钻洞打毛，有人会在上胶前，用弹泥充当墙壁与文化石之间的缓冲接口。如果想要力道足一点的，可至五金建材行购买龟甲网，先用网子打底包覆，制造粗底效果，然后选黏性好的益胶泥粘贴即可。

◐ 有些木作夹板贴砖，为了增强附着力，会在夹板面上再铺一层底，当作咬合界面。

方案 C 硅酸钙板、石膏板用反面当粗底

还在施工阶段的话，可以请师傅将硅酸钙板等的背（反）面当正面露出。因为这类板材有正反面区分，一面光滑，一面粗糙，可直接将粗糙的背面当作粗底用。同样以高黏性的益胶泥粘贴，以保证品质。

工法小知识 1：正规粗底最好贴

想要文化石或瓷砖紧贴墙壁，墙面自然要以粗坯打底，才能有最佳的附着效果。配合锯齿刀在墙壁和瓷砖背面涂抹黏着剂，将黏着剂刮出波浪纹状，制造摩擦面，以增强附着力。如果是上浆抹平，附着力稍弱，加上地心引力，大尺寸砖易下滑，难以固定。

▲ 贴砖的基本常识，墙壁要粗底才能贴。（明代设计提供）

工法小知识 2：益胶泥与土膏的对比

土膏是水泥粉拌砂石和海菜粉形成的黏稠膏状混合物，类似糨糊，而海菜粉并非直接被拿来当黏着剂，它具有亲水性，遇水则变黏稠，可增强水泥砂浆的保水缓凝作用，因为两者搭配的效果较好，装修师傅常用它来拌土膏贴砖。真要使黏着力够强，可选择益胶泥。益胶泥因掺有树脂化学成分，比一般的瓷砖黏着剂更具黏性，不过它的单价也比较高，业主可根据需求和成本考虑，没有绝对的好坏。但如果墙砖载重较大，尺寸较大，为了预防瓷砖下滑，选高黏性的益胶泥比较有保障。

问题 11 墙壁打底明明抹平了，为何上油漆后，起伏明显，尤其是门墩处？

真相

记住泥工打底的两大标准步骤，先粗坯打底后细底粉光，粗坯打底阶段裹抹砂浆时，装修师傅会依据批灰所标的记号，涂裹一定厚度，同时以刮刀抹平，调平整度，但地心引力会让砂浆往下移动，产生隆起，特别是在未干状态下更明显，若没等粗底干就急着上粉光，就会发生龟裂，墙面更会凹凸不平。师傅口中说的"流鼻涕"，指的就是没把粗底处理好，导致墙垣下方周边凸起。仔细观察落地窗门墩，如果施工不太精细，这里的瑕疵会很明显，表面凹凸不平，上漆后更加明显，令人误以为是油漆质量差，实际上这可能是底没打好，油漆没跟着做好批灰所导致的。所以墙壁打底时，除了整平，还要等粗底干后，再进行下一步。对泥工而言，重要的就是工序步骤，以及不能赶时间。

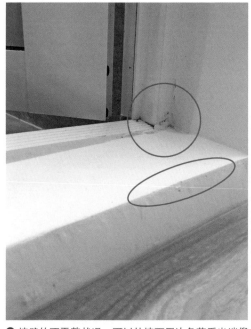

⏺ 墙壁的不平整状况，可以从墙面周边角落看出端倪。

解决办法

事后补救只能靠油漆补土来填平，但补土不是万能的，因为墙面水平起伏过大，批灰厚度相应加厚，无法和水泥墙咬合彻底，久了甚至会出现空鼓问题，油漆龟裂剥落。所以当看到墙面不平整时，如果施工成本在可接受范围内，建议重新将油漆层剥除，重新打底，粉光补强。

细底粉光时，若粗底厚度过厚，势必要做部分刮除，甚至在粗底阶段，装修师傅要抢在粗底湿润时，整平"流鼻涕"的地方。

◯ 由于墙壁的打底整平工程影响后续的装修设计，装修师傅要用捧尺进行墙面刮整。（穆刻设计提供）

工法小知识 1：泼水辨别粗底风干状态

粗坯打底要干到怎样的程度，才能进行细底粉光？用手摸，还是用机器测湿度？最简单的方法是泼水。舀一瓢水泼墙上，若墙壁快速将水吸收，就表明粗底水分已蒸发掉，可进行下一个步骤，若仍是潮湿状态，就得再搁置半天以上的时间。

无须担心粗底过干会影响水泥粉光，有经验的装修师傅会适度洒水，帮助粉光层在涂补时咬合，就是千万不要还没等粗底干，就赶着进行下一道工序。

▲ 泥工复杂的地方在于等待，尤其是打底时，只有等干燥后，才能进行下一步。

工法小知识 2：泥工要看天的脸色

泥工麻烦的地方在于时间，施工要时间，步骤程序也要看时间，要注重每个环节的养护工作。粗底干了，才能进行细底粉光，细底干了，才能换油漆，这些等待干燥的时间，是不能人工催的，要看天气情况。气候偏潮湿，施工期间下雨多，等待时间自然要延长；过度干燥，通风太好，例如炎炎夏日，高温使得水分蒸发过快，也不是好事，反而容易形成龟裂，这时就要适度补水。说穿了，泥工是一场考验比例、干湿度的游戏。

问题 12　我的浴缸安装后没用几年，居然开始渗水了？

真相

先确认一下浴缸是从哪里漏水的。砌砖的内嵌型浴缸，如果地坪和浴缸缝隙间漏水，可能是下水口与浴缸结合点松脱，造成渗水；或者是受地震影响，拉扯到原本的防水层，导致出现裂痕而漏水；抑或独立式浴缸本身有破损，排水管没接好地排，收边未做好，塑料管的排水管风化龟裂，自然让浴室里的水滴滴答答，但最可怕的不是看得到的漏水，而是不知不觉间，水渗漏到了楼板，让楼下邻居的天花板下小雨。

△ 砖砌浴缸的防水要做好做满，否则水渗到楼板，楼下天花不是产生壁癌，就是会滴水。图为示意图，非问题个案。（大湖森林设计提供）

△ 砌砖浴缸成型也是浴室泥工的重要工程之一。

△ 砌砖浴缸要重视防水，用料和施工不能随便。

解决办法

方案 A 砌砖型浴缸防水层贴玻璃纤维

全屋做好防水层，在每个角落都贴上防水无纺布，浴缸以砌砖建构雏形尺寸，按隔间墙做法砌出高度，用水泥砂浆铺底，静置风干后，再铺防水层。选择成本可以接受的防水层，一般来说，设计师会以单价高的玻璃纤维覆盖，来达到防水效果，如果考虑预算，有的会使用防水无纺布。

记住，每一个步骤需要的养护时间不同，工作做到位，才能保"平安"。另外，砌砖浴缸和墙壁、地面的结合处，最怕结构拉扯，否则会导致填缝砂浆龟裂或时间一久便侵蚀萎缩，产生裂痕，这些边角要重点强化，最好能有玻璃纤维或无纺布覆盖，再做防水层，作为拉扯的缓冲。而施工时也要预留维修孔，避免日后要抓漏找问题，不得其门而入，便要敲砖重来。

⬤ 砌砖浴缸和地坪打底涂布防水后，放水静置确认没有漏水时，才可以进行贴砖工作。（大湖森林设计提供）

方案 B 更换老化排水管，再密封连接管洞

非砌砖型浴缸，一般为单品摆放方式，橡胶排水软管年久失修容易裂开，特别是在连接头有松脱问题时，建议定期更换或选择硬管材质，但也有人说软管比硬管好维修，不只是浴室，厨房的水龙头管道也如此，可以有效预防漏水风险。

工法小知识：玻璃纤维是防水材料的高档货

防水材料也有亲民和精品高档的区别。弹性水泥，俗称的弹泥，工人师傅公认的防水材料，物美价廉。另外，黑胶，即聚氨酯沥青防水漆，同属防水材料，但其性价比较低。玻璃纤维像一层薄薄的防护网，可完美贴附表层，层层堆叠有如钵状，价格虽高但防水性能优越，就看业主舍不舍得多花钱。但真要百分之百防水，还得依靠不锈钢材质，只是它的造价成本颇高，很少有业主会采用。

问题 13　买的明明是新大楼，又不是老房子，墙壁怎会歪斜？

真相

不管是老房子还是新房子，都会有墙壁歪斜的可能，原因就在于泥工没有做好整平工作，从第一步便开始"歪"掉了。另有一说是部分电梯大厦轻隔间采用轻质水泥灌浆法，水泥砂浆掺保丽龙灌入隔间墙体，好处是隔声效果佳，但固定结构体选择硅酸钙板的话，由于板材的质地偏软，容易在灌浆时撑不住，导致层板变形，后来放样打底又没处理好，墙壁最终就歪斜到一边。

◔ 贴壁砖需要水平校正，可看出当初建造的墙面有无倾斜，可以趁该工序来处理整平。

解决办法

结构体已经"天生"无法改动，只好靠后天来补救。尽量在装修阶段补救歪斜度，要贴壁砖的，就得重新找平，把砂浆粘贴层涂厚点，通过瓷砖和砂浆厚度，把歪斜的空间补起来，但这只限于歪斜状况轻微的个案，毕竟粘贴层增厚，室内空间也会相应被牺牲一些。

这也是为什么未贴砖前的空间，看起来比较宽敞，贴砖后，空间变小，道理就在这里。如果墙壁不砌砖，而是另做夹板修饰，或做壁柜展示设计的，就需要通过木工调整室内的水平。

◔ 使用激光水平仪可发现墙壁的垂直面略有歪斜。

工法小知识：轻隔间墙有干式和湿式施工

隔间墙手法按施工类别，可大概分为泥工的红砖墙与钢筋混凝土墙，以及室内设计常见的轻隔间施工。轻隔间又划分成木作、白砖、陶粒墙和轻钢架隔间。通常我们还会听到干式或湿式工法，其实指的是施工过程是否需要灌浆或以砂浆黏着剂来做涂补黏合工作。

泥工类的隔间墙都会用到水泥灌浆，所以全为湿式施工；轻钢架部分则有干式和湿式两种工法（也就是可灌浆，也可不灌浆）；白砖、陶粒墙偏半湿式，没有灌浆，但需要靠泥砂掺黏着剂来砌墙。

前文提到的轻质水泥灌浆，是湿式轻隔间的一种，主要由轻钢架与碳纤维水泥板组成结构体，再进行灌浆填充，而为了节省工时和人力成本，以及符合高楼层大厦的抗震稳定性需求，填充物以混凝土和泡沫球为主。

但因为施工材质不同，碳纤维水泥板或可以以其他如硅酸钙板替换，不过不同建材的特性不同，

▲ 现在的室内隔间墙多为轻隔间设计。
（引里设计提供）

不能以此来判断工法的好与坏。其适用的条件可见第 3 章。

倘若住宅轻隔间是做一般卧室或储藏用途，倒也无妨，但一旦是用在浴室、厨房这些接触水汽较多的潮湿场所，那就要把防水做足做满，否则难保日后不会漏水或产生壁癌。

▲ 白砖、石膏墙轻隔间是常见手法，省时又省成本。（引里设计提供）

问题 14 敲打墙壁可听到空心声，是混凝土灌浆没做好，还是打底没做好？

真相

敲打墙壁四周，听到空心声，原因杂多。可能是泥工打底时，没抹平空隙，空气被包在里头，或者师傅没事先将"土疙瘩"剔干净，直接上粗底，甚至水泥砂浆比例不对，导致后续的水分蒸发，凝结力出问题，又或者粗底过度干燥，没洒水就上粉光，以致粉光层的水分被粗底层吸走，干燥程度不一，造成墙壁局部隆起空心。

注意结构工程的核心重在架构建筑物骨干，后续拆掉模板则交由泥工工程来补强与补底。设计规划需要的骨架比例，即泥工的初期工作，放线，打底和调平整度，在这些过程中，泥工施工不按照规定走，就会出问题。过几年，空心的地方，一敲击便会塌裂开。

◎ 土疙瘩没清干净会影响后续施工质量。

解决办法

在不影响主结构或水电管道的位置的前提下，敲掉空心处，包括周边，整体重新来做才有保证。而每道工序裹抹砂浆时，千万别贪快，不可以厚涂一层迅速了事，而要分层涂抹，用捧尺刮平压实，挤压出空气，这样才不会造成墙体二度空心。另外，如前所述，泥工工程是需要时间养护的，别图快。

◎ 打底不能为了赶工，强制风干。（恒岳空间设计提供）

◎ 用捧尺刮平压实避免内包空气。（穆刻设计提供）

问题 15

浴室隔间打算重做，设计师为何用红砖墙而不是轻隔间？

真相

隔间墙的做法各有优缺点，根据室内装修的相关法规，电梯大厦高于10楼的，受限于结构体载重关系，红砖墙是被禁止使用的，只能以轻隔间来处理，此外，红砖墙属于泥工施工工程，与其他手法相比，耗时又费工，碍于预算考虑，也有室内设计师会主要采用石膏、白砖、轻质混凝土墙。但考虑到楼板高度、稳固性、防水和隔声等相关因素，也有人倾向于以红砖来做隔间墙，以求较高的工程质量与较长的使用年限。不过要用哪种，没有绝对的对与错，须把时间、预算和环境条件一并考虑清楚。

🔵 新做的浴室与卧室的隔间墙采用红砖结构。（开物设计 / 天工工务所执行提供）

解决办法

方案 A 浴室红砖隔间防水好，但施工技巧多

有人说红砖隔间不仅成本高，而且一旦盖了，想反悔就得全部重新做，但不管怎样，红砖砌墙防水性高，墙壁有一定厚度，降噪有效果，特别是在浴室隔间，若预算上过得去，又不在高楼层，还是建议用最稳固的红砖墙，防水与隔声都可兼顾，夜半有人使用浴厕时，也无须担心洗澡水声或冲马桶的声响干扰别人。只是红砖隔间施工技巧多。

注意点 1：浇水养护工作不能少

砌砖前，砖头需要在前一天浇水以保持湿润，避免上工时过度干燥，把水泥砂浆的水分快速吸走，导致勾缝泥浆风干速度不正常，引发龟裂风化。当天砌砖时还要再浇水。

注意点 2：靠人工后天补平整

当原空间梁柱不是直的，或地板楼面本身就不平坦（有歪斜）时，即便事先放样确定了垂直位置，装修师傅砌砖时还是无法使砖墙天衣无缝地顶天立地，由下往上的砌砖过程，势必会在天花板顶部留有空隙，这时便要靠砂浆水泥来填缝。墙面的平整度，也要靠师傅事后打底修□到位，才能另做贴砖处理（如有需要）。

注意点 3：施工时间长，成本高

从放样确定位置和比例、放砖，到整平打底，都是纯人工的，每道程序都要告一段落后，才能进行下一个步骤，无法同步进行。与其他隔间工法相比，最为耗时，成本也高。

🔺 红砖墙的稳固性其来有自，在不受楼高与建筑法规限制的情况下，不少设计师仍主要采用砖墙隔间。

（开物设计 / 天工工务所执行提供）

方案 B 石膏砖轻隔间施工便利、省成本

室内装修法规着重强调防火和抗震效果，轻隔间建材成了热门选项。如果怕浴室隔间墙受潮发霉，以及考虑成本预算，有些设计师会选用防水质轻的石膏砖来替代。

尽管石膏砖墙和红砖墙有一样的施工流程，但石膏砖的重量比红砖轻，不用花时间养护，施工快又便利，只要是挑高 4.5 米以内的楼板高度，都可使用石膏砖，最要紧的是浴室多潮湿，防水必须做到位，这样就不用担心墙壁会长霉斑。

○ 防水轻质石膏砖轻隔间，也可用于浴室隔间墙。（工聚设计提供）

工法小知识 1：1B、1/2B 红砖墙

这里说的 1B、1/2B 是指红砖墙的厚度，通常用砖块平放的长短边来识别。1B 是砖平放时的长边宽度，约 23 厘米，1/2B 则是平放的短边宽度，为 11 厘米，所以砖墙的厚度有 23 厘米和 11 厘米两类。

室内隔间墙需要扮演载重角色时，建议优先采用 1B 砖墙，否则一般多为 1/2B，有一种看法认为台湾地区的楼板多在 2.8 米到 3.1 米，室内用 1B 或 1/2B，不成问题。但要拿来当外墙看待，自然要挑选 1B 墙，较坚固且实在。

▶ 砌造不同厚度的红砖墙，有固定做法。
（开物设计 / 天工工务所执行与提供）

工法小知识 2：新增红砖墙所要接的油漆墙要先剔除粉光层

多盖一道隔间墙，重要的是与其相接连的墙面的处理，不是直接砌砖就可以，否则未来整面墙很容易出现歪斜甚至倒塌问题。因为相连的墙壁如果已经上漆，表面近乎平滑状，新上的砂浆虽有黏性但无法咬合对接的墙面，所以已上漆墙壁需要先除漆，清除粉光层，露出粗底，才能进行强化咬合。

▲ 在既有墙面上延伸新造砖墙，记得要刮除原墙面的油漆或细底粉光，使之回到粗坯状态。（穆刻设计提供）

问题 16　厨房收纳空间不足，凿了墙壁嵌电器柜，好担心以后墙体结构出问题？

真相

只要不是用作支撑室内结构的墙体，隔间墙是可以进行二次更改调整的，这也是现代住宅多用轻隔间墙的原因之一。想凿墙壁，一边要考虑结构性，一边要注意水电管线位置，如果动到管线，那么后续施工会变得麻烦。

解决办法

隔间墙能不能挖凿，须先确定墙体是否是支撑结构的隔间，若不是，就不影响楼板支撑，该墙面可以全面拆除或局部凿空。唯一需要注意的是嵌电器柜会有水电线路问题，必须考虑周围有无可多拉的线路，另外电压是否稳定更是关键。待拆除作业结束后，在墙壁边缘挖凿凹凸处，由泥工修补补强即可。

🔹 挖凿既有的墙结构，只要不涉及影响支撑平衡的主梁，一般来说，改造并无太大问题。（用视觉提供）

洗澡出来，地板怎么跟着湿一片？

真相

浴厕装修不但要把排水和防水步骤做好，也要把止水墩做好，如果做得过低，水花一多，水量一大，浴室外的地板就跟着湿一片。如果是木地板，长期下来会受潮发霉变形，那就得不偿失了。如果当初的防水工程没考虑到止水墩的防水问题，即便止水墩的高度达标，但水不停浸润，渗到浴室外也是早晚的事。

解决办法

止水墩在高度上要高于浴室地砖 2 厘米以上，同时留意门槛高度，用打底的水泥砂浆制出高度模板。不止防水层要覆盖地坪，止水墩最好也覆盖，做多层保护。

另外安装门槛时，在和门框的接缝处，也就是要在门套的位置填补缝隙，做好防水措施，否则水会从门框和门槛缝隙渗出。

▶ 浴室装修工程繁杂，小至落水头、止水墩，大至结构防水，都是学问。（工聚设计提供）

问题 18　拆掉旧装潢夹层，发现墙壁居然连粉光层都没有？

真相

这是正常现象，不用太惊讶，反而是好事。有些住宅在购买时，是毛坯状态，只做了粗坯打底工作，因为大部分业主会自行装修，而室内设计又会将天地墙另做处理，往往在需要做防水的地方加重防水措施，并不会在其他墙面全做细底粉光。

也有些住宅建筑在交房时，墙壁、天花板已经上过油漆，地坪已经贴好地砖，若此时要重新装修已修饰的天地墙，或许要拆除重新来过。因此，有一种设计建议是毛坯交房为佳，可省去不必要的装修程序。但不管如何，要注意的是房屋的防水要做足，而不是墙壁有无粉光。

⬥ 毛坯裸房最方便装修。（恒岳空间设计提供）

解决办法

请先确定拆除旧夹层后的墙面要做何种用途，如要改作油漆墙，泥工要处理细底粉光，若不上漆也不加做层板包覆，想要有清水模般的触感，可以在细底粉光时，将调配的砂石筛得更细致一些，让粉光层更为圆润光滑，装修师傅要镘抹仔细。倘若贴砖，则按贴砖程序进行。

工地小秘密：外墙广告灯箱内的外墙很少粉光

不只没做粉光层，可能等混凝土灌浆凝固，拆掉板模后，连粗底都不打。这通常只会发生在大楼外墙的广告灯箱区域，虽内有电线管路，但该区外有灯箱包覆，具有遮雨防晒效果，不太会有渗水问题，而基于使用用途，不少大楼外墙在设有灯箱的墙面是不贴砖的，最多打底上防水漆，以便于其他工序施工。

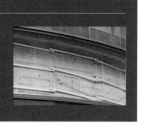

问题 19　油漆墙打算换贴墙砖，不是把墙打毛就可以处理了？

真相

标准的程序是，剔除油漆面，利用铁锤或电钻类工具，在墙壁上打一个一个的洞，制造出墙面的张力，加强咬合作用，这俗称打毛或拉毛，达到贴砖需要的粗底效果即可。但是一定要把墙壁表面的灰尘杂质清扫干净，这和清除"土疙瘩"的程序一样，清洁干净才能贴砖，否则会影响砖的黏着吸附力。壁砖墙换新砖也是这样，最好敲掉清理干净。

解决办法

因为油漆层表面光滑，黏着力相对差，所以要改贴砖，要先把油漆层的光滑度减弱。装修师傅会以铁锤、电钻等小工具在墙面敲打，就是为了破坏油漆面，洞越多越好，以使墙壁保持如粗坯打底时的粗糙触感。

⬆ 新贴壁砖，既有墙面记得要做打毛工作。（穆刻设计提供）

⬆ 旧屋装修，往往需要剔除既有的表面基础，从头开始。（恒岳空间设计提供）

问题 20 厨房加做防水会增加成本，如果不会外露淋雨，可以省掉防水层？

真相

厨房有水槽，一定会用到水。用水就会泼溅到四周，你不买一份防水保险吗？再说，日后万一发生漏水问题，没做好防水层，水会沿着墙壁水泥缝隙四处跑，甚至自家漏水，可能会波及楼下住户。在预算可行的情况下，还是建议在厨房加做防水层。住宅中厨房有排水孔的地方，就有防水的需求，不能省。

⬆ 厨房也需要做好防水层。图为示意，非问题个案。（汉桦瓷砖提供）

解决办法

厨房地板有排水孔，防水层就要做到位，但相对浴室来说，厨房墙面的防水可以不用全面，墙壁防水至多做到吊柜高度。而料理台到吊柜间的墙面，以贴砖或强化玻璃包覆，除了便于清洁，其实也能在第一时间阻挡水花喷溅浸润墙壁。

不过，厨房怕漏水，症结点在于水龙头管线建材的选择和配置，这就属于水电专业知识了。

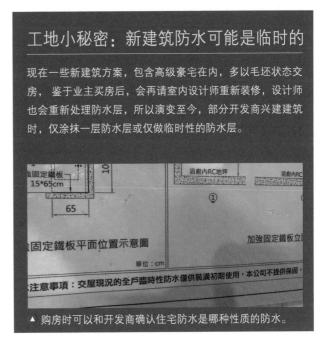

工地小秘密：新建筑防水可能是临时的

现在一些新建筑方案，包含高级豪宅在内，多以毛坯状态交房，鉴于业主买房后，会再请室内设计师重新装修，设计师也会重新处理防水层，所以演变至今，部分开发商兴建建筑时，仅涂抹一层防水层或仅做临时性的防水层。

▲ 购房时可以和开发商确认住宅防水是哪种性质的防水。

第二章

了解装修
基础工程顺序

和水泥有关的装修工程都算泥工，它的施工顺

序有一个时间轴，并不是想做什么就做什么。

对泥工来说，除了工法要紧，

工序也很重要，如果工序没把握好，就意味着

装修施工质量有瑕疵。

让我们一起来了解泥工完整的时间轴吧！

通识 02

工序不能跳着做，
工程要好，步骤必须正确

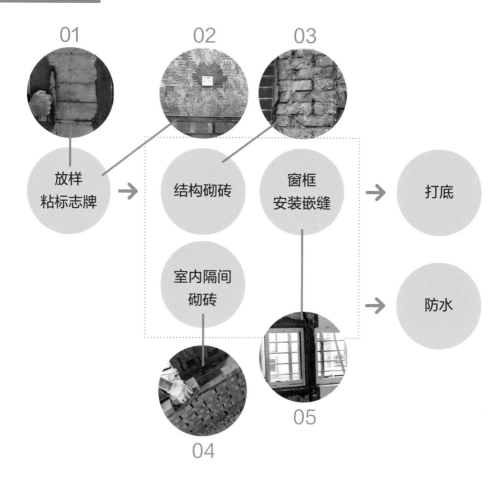

01 · 02 · 03

放样 粘标志牌 → 结构砌砖 · 窗框安装嵌缝 → 打底

室内隔间砌砖 · 05 → 防水

04

01 放样：刚拆模板的混凝土结构墙面、地坪，甚至红砖墙等，平整度还未确定，须有可参考的水平基准点供工人施工。（图引里设计提供）

02 粘标志牌：用来确认补平整平的深度。以小方块物沾黏着剂固定墙面，以便师傅施工时直接以标志牌为标准，覆盖其高度，做到整平。（图引里设计提供）

03 结构砌砖：混凝土建筑以圈限区域范围为主，辅以红砖砌砖结构，但现在的大楼设计多为钢筋混凝土结构，直接灌浆打造。

04 室内隔间砌砖：室内空间多做的功能空间隔间，方法多元，有轻隔间、传统红砖隔间等做法。（图穆刻设计提供）

05 窗框安装嵌缝：确定好结构墙后安装窗户，挖凿窗洞并确定开窗大小，加装窗框后，把结构墙和窗框之间的空隙用水泥土膏抹平，俗称嵌缝。（图穆刻设计提供）

06 粗坯打底：接在粘标志牌后的工序，1份水泥加上3份砂石，加水调和拌匀，按着当初的放样位置，涂抹水泥砂浆，压实挤出空气至平整。表面摸起来，有颗粒感。

07 细底粉光：待粗底层风干后，筛选较细的砂石，同样将水泥与水拌匀（1：2），形成水泥砂浆，覆盖在粗底表层，因其质地较为细腻，触感较为平滑。

08 油漆：油漆墙面，需要墙体经过细底粉光，这样油漆着色较好处理，先批灰后油漆作业。但在设计风格上走工业风或走手作怀旧路线的，也有人在粗底后直接上漆，以求粗犷感。

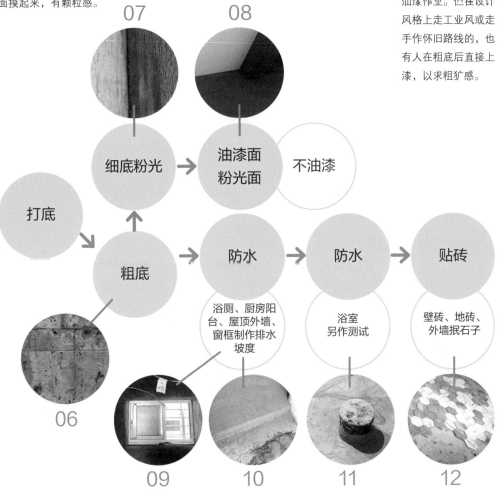

09 防水：外墙、房顶顶楼、阳台与浴厕等地方，因长期有水分侵蚀的顾虑，为避免日后产生壁癌或漏水现象，须在打底的同时加上一道防水工程，利用防水材料，为住宅空间做一层保护膜。（图穆刻设计提供）

11 浴室防水：浴室施工应特别重视防水，尤其是排水孔、止水墩、落水孔、粪管等，要加强防水层。同样贴覆无纺布、涂抹防水涂料等，涂得越厚，防水效果自然就越好。防水质量的高低取决于所使用的防水材料与防水层的铺设面积。

10 排水坡度：有排水需求的地方，就要做排水坡度，每100厘米下降坡度1厘米，以便水可顺势排出。（图工聚设计提供）

12 贴砖：粗坯打底后的墙面或地坪，用瓷砖贴覆，一为保护表层，二为美观。该工序必须接在粗底之后。（图穆刻设计提供）

工序1 放线：结构整平就靠它

万丈高楼平地起，对室内装修工程来说，最开始、最基础的工程，甚至对后续施工影响最大的就是放线，它的主要用途在于协助砌隔间墙、贴瓷砖、粉刷墙面等阶段性施工，预设水平与垂直线，以防未来施工时产生地面不平或墙壁立面不整齐的现象。

尤其是在有排水需求的浴室、阳台，如果没通过放样事先做好排水坡度，可能就会导致排水受阻。如果用百米赛跑来打比方，放线就等同于赛跑者的起跑线。

🔺 建筑结构体拆除模板后，是裸肤状态，要靠泥工整平来美颜。

🔺 泥工第一步就是要搞定各结构面的平整度。（引里设计提供）

🔺 泥工工程可大可小，不是只有贴砖才归装修师傅管。（引里设计提供）

替房子找水平和垂直，调整平整度，确立窗框和隔间墙位置

我们直接以实际建筑物的建造来说明，大楼或住宅在建造工程阶段，主体结构会以钢筋混凝土灌浆的框架作为主结构立面，还没有实际楼层出现，楼板高度要多少，每层高度是2.8米，还是2.9米，抑或是3米，以及一层楼要有几户人家，每户格局需要的隔间墙该怎么设计坐落方向与距离尺寸，这些都需要一一标识，确定位置，而标识的工作就是所谓的放样，设置样本线，标立水平线和垂直线，以便与原来的工程设计图比对确认。

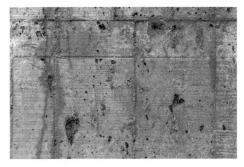

▲ 拆模板后，泥工负责整平。

新房结构拆模有缝隙落差，靠工人填补缝

混凝土结构灌浆后，等凝固塑形，接着进行模板拆除作业，随即泥工工人进场，为接下来的建造工程铺路，泥工的第一步——放线，便是为所有空间结构雏形确立准则。

在放线过程中，泥工工人会运用激光水平仪，按照施工设计图标立水平垂直参考线。不过新建筑物灌浆受到地心引力影响，或受到机械作业高速灌浆的力量过大的影响，会产生"爆浆"现象。模板瞬间被压歪发生变形不无可能，导致混凝土

▲ 粗底前的整平工序。

装修小知识：地下室整平剔除

高压灌浆工程，因力道缘故，容易让底部的混凝土堆积，呈现"爆浆"状态，超出预定基线，也是大有可能的。特别是地下室或地下停车场，最容易发生，而超出部分，则按照放样的水平线，予以剔除，这就不是用水泥砂浆补强。

和模板之间有缝隙，表面变得凹凸不平，越靠近底部的泥浆越容易堆积。通常灌模阶段也不会全面灌满到设计图的指示数值，倘若建筑物柱面最初设计的是 95 厘米（结构厚度也可比照），实际灌模则到 90 厘米，剩下的 5 厘米落差，就必须靠工人来补足差距。

确保平整，厚度拿捏要考虑后续工种

放样的目的就是要确定需要补足的空间有多少，对照水平仪找出的天地墙的平整线，以水泥砂浆来填补空隙，然而并非落差 5 厘米厚度就得补足 5 厘米，而是同时要顾及未来工程是否铺砌瓷砖，若铺砌，要将瓷砖厚度扣除。另外，无论再怎么补强，抹补的水泥浆层的厚度拿捏，也是门学问，太薄，容易龟裂；太厚，水泥砂浆会太重，甚至会整块掉落。通常最理想的数字，装修师傅会定在 2.5 到 3 厘米之间。

除了新建筑物需要放样找平，旧房想翻新，也少不了放线的基本步骤。像是需要重做浴室，更改地坪与隔间在内的泥工工程，甚至重做楼梯，也都要经过放样这一步骤。要求施工细节缜密的设计师，会在全屋室内外都拉设出垂直水平线，就像棋盘般的纵横线路，任谁一看都知道参考点在哪里，方便未来在立窗、设门框及贴砖作业时，有所依据。

🔺 拆模板后的补平或大楼翻修，全靠工人打底这一基础工程。（引里设计提供）

老房子改建也要重拆除，拆到见结构，再换管线、整平

旧房翻新也是要经过拆除流程的，剔除表层直达结构面，把整个泥工工序从头来过。包含油漆墙面改壁砖或文化石贴墙、地坪改用新建材、重做隔间墙等，都需要从第一个步骤开始干起，先拆除，后放样整平，接着粗坯打底。

有要重拉水电管线的，则趁着拆除后进行，水电配置好以后，再将工程交给工人打底。

🔺 车库庭园泥工工程。（明代设计提供）

装修小知识：哪里需要放样

不单是新建筑需要放样确认水平，室内装修翻新，经过拆除步骤后，表面有不平整处，也会需要重新放样。

浴室重做：拆除原来的地砖、墙砖，挖凿刨除旧防水层，露出构造的结构体。

新建筑物楼梯：用来计算楼梯台阶数量与高度。

窗框安装：确立窗户开窗位置与尺寸。

门框安装：确立房门的位置与尺寸。

地坪整修：刨除地表重做防水层，重新打底，然后根据设计需要，看是贴砖处理，还是用环氧树脂涂料。

砌砖墙：重新搭建隔间墙，墙体要预留一定的厚度与位置。

天花板梁柱：模板拆除后，为调整平整度，以及为结构体和未来装修施工层做一个缓冲接口。

🔺 旧墙重刨，重做泥工打底。（恒岳空间设计提供）

🔺 砌砖墙。（开物设计／天工工务所执行提供）

真相02
确定整平厚度，按基线增减水泥砂浆

经过激光水平仪对水平垂直线的再三校正，确认放样无误后，就可以让装修师傅按记号标识施工，这就是在装修工程中设计师或师傅常说的放灰线。灰线的作用是帮助确定抹平打底时要涂抹泥浆的厚度，毕竟天地墙面要整平，不是装修师傅想抹多少水泥就抹多少。步骤顺序如下。

01 打钉定点

从墙面最高点打钉子，系绑垂吊尼龙线或棉线，以圆锥为牵引重心，就是俗称的垂线处理，与放样标识的垂直线对比，看有无差距，早期没有激光水平仪时，要纯手工操作，现在可省略此步骤，有时为了节省时间与工序，直接用水平仪搭配吊线，跳过墨斗弹线。（以下步骤图为示意图）

02 垂线

墙面须确保水平与垂直工整，当交叉成完美的90度直角时，则在墙面上下左右四个角打四根钢钉，拉出两条线交互参考，慢慢调整线的位置，使之和激光标识一致。（右图为引里设计提供）

03 调和土膏

土膏是将水泥、砂和水与海菜粉（或用其他建材物料）调至一定浓稠度，再沾裹小方片，顺着拉出的线条，粘贴需要整平的天地墙面，用它示意打底抹平的厚度。在早些时候，装修师傅习惯性地拿唾手可得的物件当记号，最方便的自然是瓷砖，可以随性地用一个小碎块粘贴。那时使用的打底涂料，也不是水泥，在一切超级传统的工法中，那时的师傅会放灰线作业。和现在相比，用小块瓷砖所做的标志牌已经被既轻巧又简便的塑料片取代。

04 等距离放标志牌

不是只粘贴该立面的四个角就好，相隔距离太远的话，恐怕师傅抹平时会对不起来，容易导致中央地带不是隆起就是下凹，而距离太近又显得矫枉过正。

所以取快的话，以辅助水平线的捧尺长度当基准点，数据换算大概在 1 ~ 1.5 米，多放几个标志牌。（右图为引里设计提供）

05 下角条

除了在立面粘标志牌，在面和面交接的直角地带，为避免垂吊的尼龙线偏移（毕竟线是轻细的物件，很容易因为移动而无法完美形成 90 度直角），会在转角处追加黏附角条，以帮助师傅顺利施工。（右图为引里设计提供）

06 风干

等粘标志牌的泥膏自然风干固定后，就要进入打底程序了。（右图为引里设计提供）

装修小教室：装修师傅放样小道具

激光水平仪
专门用于测试建筑结构体水平垂直线的电子仪器，从整平到打底、贴砖都需要用它。

墨斗线
帮助标示基线。

标志牌
方块状塑料片，装修师傅偶尔会用现场裁切的碎块瓷砖来临场取代。图为用途示意图。

工序2　素颜底妆：粗坯打底与细底粉光的对比

确认好标志牌，接下来的步骤程序可以说是进入了泥瓦工的高潮期——打底。用化彩妆来比喻，一套浓妆或淡妆，任何一个步骤都少不了底妆步骤，缺不了用隔离粉底液来为肌肤打底，盖痘疤坑洞、修肤色，无论最后是否要搽腮红、画眼影。泥瓦工打底的意思与之相同，要把凹凸不平、需补足结构厚度的墙面或地坪，利用水泥砂浆涂满补平。

打底用料的水泥砂浆，水泥与砂石的比例会控制在1：3，至于水分要浇注多少才够，会视现场泥砂量与湿度弹性来调整，保持在不太湿不太干的状态，特别是地坪的打底整平，不会是湿得像暴雨引发的泥石流般的泥泞状，若是那样，就过稀了，反而会影响结构的凝固与稳定性，毕竟这是要用来补足洞孔缝隙的。

🔺 不少室内天花板只有粗底，甚至不打底。

🔺 已经整理过且油漆过的墙面，先前可是经过多道工序的。

🔺 拆模板不补平的室内设计风格并不少见。

有意自行修缮的业主若外包给装修师傅，师傅多会询问后续的处理为何，是要上漆还是贴砖，即使自己想全程自己动手做，也要大概了解一下。这是因为不同的用途会决定打底要做到何种程度。打底不外乎粗坯打底和细底粉光两种类型，范围各自有别，无法彼此交替运用。两者的施工也有先后顺序，先粗底后细底粉光，绝不可以颠倒过来！

⬤ 虽仅是大门，但工序很多。（引里设计提供）

⬤ 大门重新翻新，剔除既有瓷砖和粗底层，重新施工。（引里设计提供）

真相 01

粗坯打底整平，为贴砖做基础准备

装修师傅所说的打底，大多是指整平工序中的粗坯打底工序。新房拆除混凝土灌浆模板后，交由装修工人进行整平作业，按放样标示的墨线（棉线）记号，予以抹平。基于搅拌的砂砾颗粒大小，墙面或地坪略有粗糙触感。

触摸有粗糙感，打造贴砖咬合空间

别以为粗坯就是整平的面依旧是粗糙不平的，这个看法只对了一半。打底后的墙面或地坪仍在平整水平线上，无所谓凹凸不平，肉眼看上去表面平坦，但用手直接触摸，来回移动几下，可隐约感觉到一丝丝的粗糙感，有点像磨砂洗面奶中摸得到的颗粒，用力一点，甚至会搓出碎屑来。粗坯打底，是为贴砖做准备的。

为什么说粗坯打底是与贴砖搭配的，主要是因为粗坯比细底的毛孔（想象成我们的皮肤）大，而大意味着具有较强的摩擦力，一旦贴砖就可以拥有强的咬合力，和瓷砖紧密结合。

● 瓷砖拆除后，粗底也要重做一次，外加整平步骤。

● 现代室内装修，有的会保留天花板梁柱拆掉模板后的原貌，连整平打底的工序都省略，带点工业风。

只要是非油漆面，
一律要做到粗底，更方便日后二次施工

有些设计师进行现场勘测，会搓摸墙壁确认泥工打底状况，如果感觉到的是粗底，又打算上油漆时，那么油漆师上漆前要做批灰工序，会比较辛苦。批灰量一变，涂抹层也会跟着变厚，时间一久水分蒸发后，批灰所用材料容易干掉龟裂，造成油漆裂痕，验收时引来莫名的误会，业主会误以为是装修质量不佳。

实际原因是底层泥工打底没做到位，没做到水泥粉光。现在钢筋混凝土灌浆的新房更容易有这类问题，因为水泥都需要固化时间，所以都会产生自然裂纹。常听经验老到的师傅这么解释，油漆有裂痕，原因就在于此。

但是为便于日后安排其他工种衔接，不用再另行破坏处理，只要不打算上油漆，就只做到粗底即可。例如未来地面要贴瓷砖或直接铺木地板，特别是选择木地板的，很少有人会先贴砖再铺木地板，因为有些木地板工程打钉会伤到砖。

⬤ 刚敲除表层，还未二次打粗底。

装修小知识：养护黄金期没做好养护，会后悔

明明只有让水泥砂浆干掉，才能加快工程进度，为什么要特地保养，而且还是以洒水方式保养？原因在于水泥本身在固化过程中会不断脱水，导致分子结构产生空洞缝隙，说白一点就是，水泥一干就会裂开，为了不让它过快裂开，需要适度保水，每天浇一些水，让它在固化时加强其结构密度。要求细致的，会在地坪多铺一层麻布或帆布袋来当保水层，避免水分蒸发过快。

但养护几乎要耗时一个月之久，每个施工单位肯定都会叫苦连天，说穿了，成本会太高，绝大部分养护只维持在三天到一周左右浇水，便迅速结束，然后等其自然风干，提升凝固强度。可不管再怎么养护，水泥的"天性"就是注定会裂，不过别以为这样，就想跳过浇水养护步骤，甚至拿大电扇在工地人工加速干化，毕竟养护是可以推迟裂化的，从而不至于出现重度龟裂。

这也是为何在一些毛坯房或重装修拆掉旧装修露出结构体，只做到粗坯（粗底）的原因，毕竟粗底是后面接续工程必经的步骤。若只要油漆或贴壁纸，自然就要进行到细底粉光这一步。

至于粗坯打底的标准流程是什么，通过下列步骤，可探知一二。

01 清洁

至关重要的第一步。打扫清除石砾、垃圾杂物，同时将混凝土灌浆除掉后，沾到的杂质土泥，包括放样后用电钻钻出多余的混凝土所产生的碎屑，都要除掉。无论地坪还是墙面都需要处理，否则打底上去，有杂质的地方很快便会剥落。

02 泥膏水当媒介

清洁后并非直接涂抹水泥砂浆，而是要先洒抹一层泥膏水（土膏水）。它的成分是海菜粉、清水泥和水等。它用来当作接口黏合的材质，浓稠度视需求调整。用来做打底层时，如其名就是略稠的泥浆。

少了它，水泥砂浆是无法直接且有效黏附在地坪墙面上的。泥工施工过程，是上一层扣着下一层，只要有一个步骤没处理好，后续程序都会受到干扰。另外，砖墙的打底，只需要浇水即可一致。

03 水泥砂浆覆盖填补

抹上一层水泥后，别忘记当初粘贴标志牌放样拉的基线与水平位置，标识到哪儿，水泥砂浆就要盖到哪儿，不用担心涂抹过少，一般师傅抹的量只会多不会少。（右图为引里设计提供）

04 棒尺整平挤压空气

将填补的水泥砂浆抹到表面平整。装修师傅会根据现场施工面积的大小，运用合适长度的棒尺，根据粘贴标志牌的标识，大面积来回刮抹，让水泥砂浆可以平均分布，多则刮除，少则填补，反复重复该步骤，直到均匀为止。

在墙壁的打底过程中，装修师傅会选择一边带线的棒尺进行整平刮除作业，因为线可以轻易剔除多余的水泥砂浆。另外，将水泥砂浆抹平后，也要确保其紧密度，看它够不够紧实，所以需要借助镘刀（抹刀），纯人工细细压打，将水泥砂浆结构压得紧实。所用工具如下图，左图的钢线尺用来刮泥砂，右边的实心棒尺负责压紧实。（右图为穆刻设计提供）

◭ 钢线尺　　　　　　◭ 实心棒尺

05 自然风干与浇水养护

业内和教科书上都会说，水泥砂浆整平打底后，最好还要静置洒水保养一段时间，最好是28天，使其自然风干，再进行下一道工序。这样一来，可以确保砂浆层的凝结力，避免日后出现严重龟裂。（下图为开物设计／天工工务所执行提供）

装修小知识：什么时候要二次打底

通常成品房和老房拆除，连墙面都要重做防水。较细心谨慎的工序做法会将原泥工打底剔除干净，以避免空鼓风险，重新做的粗坯打底仅上一层，整平厚度不少于25毫米。但新盖建筑物拆掉模板后，要整平补足的厚度，可能要到3厘米以上，当超过25毫米时，建议先铺一层钢丝网或钉钢筋，补灌浆混凝土，或先整平涂抹砂浆，厚度约1.5厘米，等养护满48小时后，重复打底步骤，进行第二道粗坯打底，厚度同样至少1.5厘米。再养护一周时间后工程才能继续推进。

下面这张引里设计提供的图，看看做了哪些工作?

① 拆除原隔间、门框，设计重改格局，凡是拆除的地方都可见底，需要进行二次泥工工程。

②可见当初天花板包覆的痕迹，拆掉天花板后，是结构裸层。

③拆掉既有表层，挖凿到可见结构层。

细底粉光气孔要光滑，为上油漆贴壁纸做好准备

细底粉光，手摸上去的触感比粗底细滑，装修师傅通常会以粉光来简称。它所使用水泥砂浆的比例与粗坯打底所使用的比例大不相同，水泥和砂的比例为1：2，除此之外，砂石还要过筛，将大颗砂石和杂质挑出，只用细砂部分来调和水泥。

因为使用的砂石细，相应调出的水泥砂浆也较绵密柔和，打底的面也变得细致了。和粗坯打底最大的差异，在于其水泥的毛孔明显收缩、细小，用鸡蛋肌来比喻也不为过。

过筛砂石的大小，决定了粉光的细致度

细底所用的砂石要过筛，把大颗石砾排除才行，有经验的装修师傅，会根据业主需要来调配粉光水泥砂浆，靠的就是砂筛，它的网孔从3毫米到1厘米皆有，可根据设计师或开发商的需求调整。

▲ 粗底纹路明显，触感也较粗糙。

▲ 梁柱和天花板的水泥打底粗细有别。

粉光小知识：
先上一层水泥底漆，
油漆免裂纹

恰到好处的水泥细底粉光，可以让油漆师傅批土时轻松许多，只需薄薄一层，就能达到效果。但毕竟泥工和油漆是不同工种，使用的原材料不同，想使油漆日后少裂纹，老手行家会在批土前，先涂弹性水泥底漆，用它来衔接粉光和涂料，真正做到高质量漆面。

有些粉光细致程度，会细到地面墙面发亮，甚至灯光照射会反光，用手触摸手感极为光滑。往往可在最后一道工序时，运用砂浆水进行泼洒刮纹，形成特殊纹路，而这种质地视觉上可以与清水模媲美，随后以环氧树脂涂料收尾，作为保护层，能减少水泥粉光风化风险。

水泥细底粉光直接当装饰面

不过也有人就是爱混凝土的自然美感，对粉光裂痕不以为意，单纯粉光接口，日后有裂纹就让它自然龟裂，也不做日后修补。然而这种做法，还是得看场合，如果是顶楼房顶或是墙面，未来还是会有水汽随着粉光裂缝乱窜导致漏水的可能性。

墙面经过整平粉光处理，粘贴壁纸时，不仅容易上胶使壁纸服帖，而且墙面贴壁纸后，更能看出墙壁的平坦程度，师傅的工序是否做到位，可从中略知一二。

虽然上油漆贴壁纸需要细底粉光，但粉光表层也不是越细越好，摸起来过度光滑的粉光层，或许对贴壁纸影响不大，但对油漆工程来说，毛细孔小到甚至都没有的墙面，反而不利于进行批灰作业。

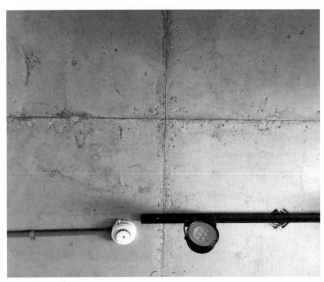

🔺 刻意粉光粗糙成设计手法。

🔺 要细底才好上油漆。

原因在于不同介质的接口咬合之间，考虑到彼此的热胀冷缩系数，仍须留有空隙作为缓冲空间，若粉光过于细滑，批灰所用材料便黏着不牢，油漆容易大块龟裂。如果粉光过于粗糙没抹平，那么油漆师批灰时要上厚点，好补足整平空间。但批灰所用材料是石膏粉，它的热胀冷缩系数压根和水泥粉光不同，以致油漆龟裂。

好的细底粉光怎么做，一起来看看。

01 清洁

同粗坯打底，干净度没有标准，要将油污、粉层、水泥块等不相干的杂质清除干净。

02 过筛和砂泥

砂砾以砂筛过滤，挑出较大砾石，砂越细，粉光的细致效果越佳。泥砂比例定在 1：2，部分施工指导手册会注明配比可到 1：2.5，大多数的师傅以前者为主。至于砂砾要多细，取决于所用的筛网孔洞有多细。

03 打湿

无论粗坯打底还是细底粉光，要想让水泥砂浆紧密咬合地面墙壁，如同上妆要持久，底层保湿要做足，妆容才不卡粉一样。以泥膏水或洒水打湿作媒介剂，细底粉光因已有粗坯打底当底层，不需要特地再上泥膏水，仅需将要细底粉光的墙面地坪洒水打湿。

04 抹泥

手法如同粗坯打底，可抹涂的厚度较薄，师傅大多以镘刀涂 2~5 毫米厚，薄薄一层，慢慢地将表面镘至平滑。但切记别一口气涂太多，要细心地一点一点涂抹，过程真的跟上妆没两样，粉饼要慢慢推开推匀，量也不能一次用太多。

05 磨光滑

待细底粉光的水泥砂浆自然干燥至七八成时，用肉眼判断，可从其水印来着手，水痕消失，即可用镘刀再磨平表面，剔除杂质，同时可以将施工的抹刀痕迹消除，细腻一些，还可以用磨砂纸做局部平滑处理，现在也可以用磨砂机协助打磨，可将细底粉光表面磨到光滑甚至发亮。至于要磨细到何种程度，就见仁见智了。

🔺 水泥粉光也有不同细致度，就看业主的喜好风格。

🔺 长土勺，由助理舀砂浆给装修师傅，高处打底用。

🔺 抹刀工具之一，锯齿用来制造贴砖砂浆纹路。

装修小知识：打毛、拉毛

◀ 打毛示意图。（恒岳空间设计提供）

细底粉光表面平滑，贴砖很容易剥落，所以装修师傅要破坏粉光面，俗称表面打毛，用铁锤或电钻将表层敲打凿出孔洞。不同墙面结构的打毛处理也不同，而凿孔后重新拉毛也就是重打粗底后，才能进行贴砖。部分装修师傅为了图快没打底，改用弹性水泥来做接口的结合剂，这种方法不是不行，有其施工便利性，但当壁砖尺寸较大时，很有可能发生咬合不牢的现象。

工序3　隔间砌砖：架构格局与补强

和水泥有关的事，自然也包含了砌砖墙，因为它需要水泥砂浆当黏合补缝媒介，一砖砖堆砌结合，从整个建筑物的结构体到室内隔间，所有要砌砖的地方，都要呼叫装修师傅！只是现在的高楼大厦设计要考虑到地震相关因素，结构以混凝土灌浆为主，隔间部分采用轻隔间做法，已较少使用红砖砌墙。

而现阶段建筑多半在灌注混凝土时，已经架构好隔间位置，若需要砌砖隔间，往往是在浴室洗手间区域，或者是老旧住宅重新翻修时增减隔间，才会多这道工序。门窗嵌缝亦然。

🔺 先拆除、埋管，然后是泥工进场。（工聚设计提供）

🔺 轻隔间工法与用料也有档次之分。（工聚设计提供）

🔺 红砖隔间。（开物设计／天工工务所执行提供）

红砖隔间：
新旧墙衔接要植筋补牢

红砖隔间墙是老一辈人装修时最爱的隔间墙。大多数人认为红砖厚重又结实，隔声效果佳，使用年限也久，久而久之，为红砖墙贴上了安全的标签。再者，室内设计领域兴起了怀旧风，具有裸露质感的红砖瓦，早年便走入了居家与商业空间设计，打造红砖墙的风气历久不衰。

⬤ 浴室内的砌砖浴缸也用红砖砌成。（开物设计 / 天工工务所执行提供）

红砖吸水性强，可调温

还有一点值得注意，红砖属于陶土烧制，吸水性强、易吸湿气，虽不能做到极致程度上的冬暖夏凉，但相对来说仍有一定的调温效果。所以现在有一些设计师，在可接受的施工价格范围内，仍倾向于使用红砖隔间墙。

⬤ 隔间墙做法多元，红砖墙是其中之一，也属于较传统经典做法。（穆刻设计提供）

挑高超过 3 米要先搭假梁

不过，砌砖墙没有外表看起来那样简单，需要考虑楼板要有多高，砖墙要砌多厚，可否像积木那样一直垒高，砖的排列顺序有无规定，砌砖前需不需要像水泥粉光那样经过养护程序。

工地小秘密：
新旧墙没结合好会倾斜

曾有专门承包施工的建造公司表示，遇到过施工不良、偷减步骤的红砖隔间墙，因为没做好墙体之间的黏着工序，导致新砌砖墙左右没有支撑点，出现了歪斜甚至倒塌的情况。

根据相关建筑法规，1B 砖墙高度在 3.6 米以上、长度在 4.5 米以上，以及 1/2B 砖墙高度与长度大于 3 米时，须补强梁柱，即加做假梁。换句话说，3 米是判定砌砖墙的基准点，只要楼高超过 3 米，所有的红砖墙再怎么搭建，都要停工加做假梁，然后才可以继续施工。因为它停工耗时，容易增加成本，所以现在的隔间大多采用没有楼高补梁柱限制的轻隔间。

若想砌砖墙，也不能为了省工时，让装修师傅一次全部砌好，然后等待墙体变干。想让墙体日后稳固，不易倒塌，装修师傅每天只能砌 150 厘米高，另一种说法是 120 厘米，让黏着的泥浆可稳稳咬合红砖块，以增强墙体日后的承载力。

旧墙新搭，先剔除，再植筋强化结构

新搭建的隔间墙，要注意的是结构体的接边接口，不是直接抹膏浆或黏着剂，就能让既有墙体和新增的砖墙彼此"绑牢"。我们需要植筋来辅助支撑，提高砖墙的稳定度。所谓的植筋，就是直接打穿墙面，安置钢筋，像烧烤时用竹签固定食材那样，用钢筋来衔接既有墙面与新砖墙。

钢筋混凝土墙的厚度，结构墙约为 15 厘米厚，一般墙则为 12 厘米厚，要凿墙植入钢筋，装修师傅会把植筋深度控制在 5~6 厘米，这样可避免伤到主结构。先灌注植筋胶，再插入钢筋。

🔺 浴室重做隔间与浴缸，浴缸内部用抿石子。（开物设计 / 天工工务所执行提供）

唯一让师傅头疼的是植入的钢筋会不会钻插到管线。新建方案无这方面的问题，主要是因为水电配置图好找；而旧房年代久远，改装时没了当初的水电规划图，就得靠师傅现场勘验找管线。

红砖墙的麻烦之处就在于植筋，它不像轻隔间那样以蜂枪钉扣、与角料板锁固定，轻隔间的施工甚是轻松，但接缝处容易崩裂。

首推！
植钢筋或打胶钉锁住旧墙

还有一种植新墙做法是用打胶钉固定，但最好、最稳的做法首推植钢筋。不过如果是已经粉刷油漆的墙面，要以它当隔间墙接口，只植钢筋不够，还要先将油漆面（结合面）剔除干净。

如同油漆墙改贴瓷砖要做打毛工作，油漆介质本身会妨碍砌砖墙的密合度，因此要先用电钻打掉表层，打深了也无妨，事后用水泥填缝补满即可。

⚫ 新旧砖墙间的衔接，有时需要植筋或打胶钉固定。（穆刻设计提供）

⚫ 高楼层的隔间属于轻隔间，工法与使用材质也迥异。（穆刻设计提供）

红砖砌砖小知识：什么是贴一皮

1B墙和1/2B墙这两种砖墙使用的区域不同，1B墙厚，多被用来作外墙，它的承重力较佳，耐风力、抗震；1/2B墙的厚度减半，多用于室内隔间，而且不用它作为承重结构的墙体。

在工地上听到较多的名词会是4寸或8寸砖，这同样是指墙的厚度。在工地上还会听到贴"几皮"，其实这是砖墙术语之一，每贴一层砖，就叫一皮，如果哪

—1皮

天听到"今天贴到几皮"，就是师傅要砌砖到几层的意思，他们很少会用贴几厘米来示意。建筑楼板高度多在2.8~3.1米，砌红砖墙做到1B墙便绰绰有余（基本为4寸砖墙）。

砌砖法有很多种，
以顺式法最为多用

砌砖手法变化多，除基本顺式、丁式做法外，还有花式砌砖法，如英式、法式等。时下业内常用工序，大致以顺式法居多。

顺式法怎么看？砌好砖后，它的表层是砖块横打的长边排列形式，若看到砖块的短边组合形式，就称作丁式砌砖。不过在贴以丁式砌砖8寸砖时，通常会安排导砖（尺寸短）穿插使用，也就是贴2块砖后，接着贴导砖串接。

至于花式砌砖，是一层（皮）顺式砌砖，叠一层丁式砌砖，或者单采用丁式或顺式砌砖，每贴3到5层（皮），就换改另一种贴砖手法贴一层，如此交错循环。没有哪种砌砖法有绝对优势，关键只在于装修师傅有无照"规矩"走。

不管用哪种砌砖墙手法，第一步都是从放样控制

▲ 常见的是顺式砌砖。（穆刻设计提供）

好水平做起。否则如果墙体稍微歪斜，或许还能通过水泥打底填缝整平来补强，而如果过于歪斜，可是要打掉重做的。

▲ 丁式砌砖

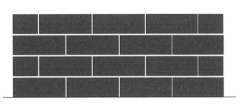

▲ 顺式砌砖

砌砖施工注意事项

01 砌砖前后都要浇水养护

红砖不是拿来就能马上用的，正式砌砖前，少说要在一周或数天前，先浇水让砖块湿润，吸收水分，免得砌砖时砖块快速吸收泥浆水，导致龟裂风险。如此浸润水分可以多做几回，甚至在砌砖后，师傅还会再帮砖墙"补充水分"。

⬤ 使用红砖前，须浇水养护。图仅示意。（引里设计提供）

02 砌砖高度限制，避免挤压泥浆

砌砖无法图快，一次最多只能做到15皮，也就是叠15层砖高，除了让泥浆咬合砖外，一旦高度过高，在地心引力的影响下，如果承重超过负荷，只会让底层裹的泥浆被挤压出来，无法起到黏合作用。

⬤ 每天贴砖量是固定的。（穆刻设计提供）

03 交丁破缝可增强承重力

仔细看砖墙每块砖的结合结构，若是呈现整齐排列的棋盘格状，缝隙的水平垂直线一致如"田"字，也就是俗称的"对缝"，那么砖墙重力会过度集中于一处，久而久之，砖墙就容易崩裂。若缝隙是错落交织的，上下层（皮）砖块交错约占下层砖块的1/4，俗称"交丁破缝"，这种方式可以平均分散重力，使砖墙承重能力倍增。

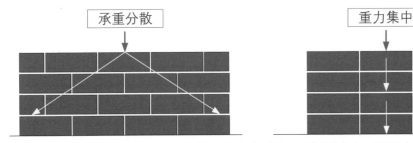

⬤ 左图是交错砌砖，可以将重力平均分散开，右边则是由上至下将重力集中，承受的力也变大。

04 植筋密度要高，最好在衔接面上加贴玻璃纤维网

要想让新砌砖墙稳固，和结构墙结合处的植筋密度就要高，装修师傅通常会间隔 30 ~ 40 厘米植一根，间距尽量不要大于 50 厘米，密度越高，墙的咬合能力越强，新墙就不会崩离。但这样还不够，墙和墙之间的异材质衔接点，最好在水泥打底前，追加一件"武器"——防裂玻璃纤维网，以增强墙间的伸缩张力，减少日后墙边界裂化的风险。

⬆ 新旧墙结合有门路。（穆刻设计提供）

05 门窗接边预留 3~5 厘米空隙

除了在红砖隔间墙预留门窗位置，装修师傅还会预留比门窗大 3~5 厘米的弹性伸缩空间，等正式确立门窗位置、大小后，再用水泥砂浆进行填补嵌缝，补足缝隙。

06 门楣支撑的水泥板要嵌进砖墙

如果是要安装门的砖墙，在门框上方靠近天花板的位置砌砖时，就需要用水泥楣梁来支撑，为了稳固，水泥板必须要横跨两边墙体，嵌进两边衔接的砖体结构，才能达到效果。

⬆ 门楣处理要有水泥板。（穆刻设计提供）

真相02

轻隔间：施工快，成本亲民，大楼装修主用

与红砖或钢筋混凝土直接灌浆结构体的隔间工法不同，轻隔间工法是不需要用纯泥工施工的。它在拥有强大的支撑力的同时，对大楼结构的承重力也不会造成太大威胁，加上工法简单，与红砖隔间相比，它可以低成本、低人力运作，施工快速，特别是在室内装修设计中，很受欢迎。

轻隔间可分为轻钢架、木作、白砖墙和陶粒墙等数种。其中的木作，自然由木工工人接手，全靠木材、角料、钉料与黏着剂等组装施工，过程中不需要用到泥浆土膏，根据使用板材的好坏和角料的密度来判断优缺点。木作隔间施工快，虽然大量的木造建材标有环保防火标志，但它终究是木料，对于火灾防燃性，仍需打个问号。

另外的轻钢架隔间，有两种做法：一种比照木作隔间，用轻钢架搭配各式板材，用钉枪钉扣锁紧，属于干式施工（没有用到泥浆）；另一种则是用轻钢架先搭建结构体，再效仿钢筋混凝土墙灌浆，将泥浆与其他材质混掺，灌入结构体内，属于湿式施工。

若你想问这样的湿式施工属于泥工施工的范围吗？它毕竟和泥浆有关，可严格规定这项施工由专门的轻隔间装修师傅负责，但现在的装修工人拥有颇多的全方位知识，课融会贯通，但要真论专业程度，我们还是那句话：交给专业的人，比较妥当。

🔺 现代住宅有不少是轻隔间设计。

🔺 测水平，可看到灌浆轻隔间墙的墙体容易移位倾斜。

白砖墙量轻，防火抗震，但怕遇水太潮湿

白砖墙隔间用的也是砖，但它的砖用的是蒸压轻质混凝土，不是陶土烧制的红砖类别，而是用水泥、石灰和细砂，以高压蒸汽制作的，过程中更掺入气泡，用气体扩张内部结构，如此一来，砖体本身变得轻盈，重量只有一般混凝土的1/5，红砖的1/4，保有一定的坚固性。因其质地偏乳白色，故称作白砖，也因为原料使用量少，能大量生产，所以价格相对亲民。

在施工方面，只要涂抹泥浆黏着剂就可快速砌墙，可大幅提升装修效率，加上不需要配合水电工人（红砖墙要配合拉管预埋）砌造完成，也不像红砖墙那样需要打粗底和细底粉光才能进入油漆工程，白砖墙可以直接批灰上油漆。它流程简单，加上物美价廉，自然是室内设计装修的最爱。

除此之外，白砖墙还有一个特性，那就是防火抗震，比红砖抗震性能强，因此建筑法规才会将白砖隔间墙纳入大楼施工的选项。不过，白砖墙体的承重力自然弱于混凝土或红砖墙，且掺了气泡的白砖比较容易裂，不能直接上钉悬挂装饰或者作为吊挂对象，否则隔间会产生裂缝。但也不能说它不能上钉，它有其适合的专门的锁钉种类。

白砖虽然也具有高吸水性、挥发快，但对白砖墙来说，水算是天敌，它容易吸水，即便是在室内安装白砖轻隔间，也要尽量远离潮湿场所，因此有些设计师很少在浴室隔间用它，但采用防水防霉石砖，加强做好防水措施的也大有人在。这也印证了工无对错，只是有用它的好坏之分。

🔺 白砖轻隔间，也可当浴室隔间用，防水配套措施不能少。（工聚设计提供）

陶粒墙可以废料回收，成环保首选

另一种陶粒墙的轻隔间做法，和白砖墙没有太大差异，只是它需要用角料先构筑结构体，再安装陶粒板材，后续也可直接批灰油漆，或先打底。陶粒墙的优势在于它使用的是由千度以上高温烧制的陶粒，经由水泥灌浆铸模打造而成的一块块的板材。

它有别于白砖或红砖要一块块由地面往上砌砖成墙，陶粒板搭建的隔间墙可以一次搞定，毕竟一块陶粒板长达 3 米，施工相对简便，可有效缩短时间，无须使用太多人工。它的固定方法也简单，用水泥砂浆或黏着剂黏合即可。它比白砖墙更好悬挂，钉上钉子，墙面不容易龟裂。它不易风化，因为陶粒板的底子是混凝土。陶粒墙的抗震效果也不差。

真要说这种隔间墙最吸引人的地方，那就是陶粒板属于可回收的环保材料，拆除后，可回收再利用。

不管哪一种隔间，都有优缺点，唯独要留意的是，要小心处理隔间墙面的连接面，重点在于彼此之间的接缝要牢固。

隔间墙工法比较表

项目	红砖墙	白砖墙	陶粒墙
工法属性	纯泥工	轻隔间	轻隔间
时间	长	中	短
施工限制	一天只能贴 15 皮	可快速施工	可快速一次施工
成本比较	高	低	中
墙面平整度	要人工修饰整平	工厂出厂板材已经过机械平整处理	工厂出厂板材已经过机械平整处理
隔声效果	极佳	一般	一般
调节气候、湿气	极佳	一般	中等
悬挂力	极佳	一般	佳

工序 4　防水处理：房子不漏水，不长壁癌的最大保障

说到防水作业，其复杂程度不输打底工序。严格区分的话，防水有浴室厕所防水、楼板层地坪与阳台防水、房顶防水，以及门窗框及外墙部分防水，整个建筑结构的里外上下，都需要防水层来保护以强化防御能力。

所以，室内设计或建筑营造的防水工法与用材颇为讲究，专业度不在话下，部分室内设计师还会将工作严格区分，把防水工程拨给专做防水的，随后再将工序交给装修师傅处理。或许你会认为装修师傅没有专精防水，其实不尽然。懂泥工的，必知防水，知防水的，未必懂泥工诀窍。鉴于篇幅有限，本章主要介绍室内装修必知的浴厕防水工程及窗框区的防水注意事项，让大家知道它在装修工序里不可遗漏哪些重要细节。

🔺 浴室情景示意图。（三洋瓷砖提供）

🔺 浴室防水工序多且杂。（开物设计 / 天工工务所执行提供）

🔺 好砖要搭配装修工法，才能事半功倍。图仅为情景示意图。（升元窑业提供）

浴室防水：天地墙 360 度零死角防水最好

卫浴空间虽面积小，但防水可是大学问。从天花板、地坪到墙面，都跟防水有关，万一没处理好，就会影响楼下邻居。卫浴空间周边的天花板、墙壁也会渗水长壁癌。对旧房改造来说，要拆除既有地壁砖，见到原本的粗底，甚至能刨原底的要尽量刨。因为来了一次大的改头换面，换了新的卫浴设备，涉及排水排污工程，所以就已经相当于把防水工程重来一遍了。

⬆ 浴室重做防水和排水坡度工程，特别是在边角接缝处，防水要做足。（恒岳空间设计提供）

墙面防水尽量做到天花板

先从墙面来看，浴室墙壁四周要先铺设一层防水层。可防水层要做多高，做多厚？施工前师傅一定会事先沟通。防水做得越多越佳，但羊毛出在羊身上，做得越多，费用自然就越高，有预算考虑的业主，会退一步做少一点，但少做了哪些，相关影响就会跟着来。

最基本的也要做到淋浴花洒接触的范围，花洒淋得到的高度，就是做防水的高度，通常会做到 150 厘米高，这也是开发商通常要求的防水高度，至于室内设计师，则是做到贴砖高度，大约 240 厘米高，新大楼楼板高度约为 2.8~2.9 米，扣掉施工的天花板高度，便是墙壁的贴砖高度。

有些装修师傅会说莲蓬头不可能往天花板高处洒，甚至强淋四周墙面，故只要把重点放在花洒所在位置的那面墙即可，尤其现代卫浴多走干湿分离，真没必要四面墙都花重金做防水，这样防水不仅可以省成本，对师傅而言也可以节省施工时间。但凡事只怕万一，所以设计师们一定会要求整间浴室的防水都要做好做足，天花板一定要涂布，甚至连天花板覆盖的内部夹层也要这样处理。

不过只上防水漆还不够，防渗水症结点在于墙体间的结合面，墙壁和墙壁之间，墙面和地坪交接处，以及排水孔落水头的位置外围，这些地方才是防水重点。

防止结合面有空隙漏洞，好一点的防水会用无纺布，或成本高但效能极佳的玻璃纤维当底层，再涂抹黑胶固定，增强附着力。但无纺布材料成本略高，有预算考虑的，可以考虑重点贴覆，在墙壁结合面优先做 240 厘米高，但在与地坪的接缝处，则要全面"防堵"。

如果预算充足，用玻璃纤维网作防水底层是再好不过了，特别是在墙壁和地面的衔接处，贴覆玻璃纤维网会让该处呈现凹弧钵状，形成绝佳的坡度，即使水花波及，也能顺势流下，沿着设计好的排水坡度排入排水孔。有的设计师相当推荐墙角地坪的地砖贴得有弯度，就是因为它有助于排水。

🔺 隔间改变，要重做粗底与防水工序，步骤不能省。（恒岳空间设计提供）

🔺 浴室天花板没封住，用户外防水漆强化防水效果。（开物设计天工工务所执行提供）

排水坡度搭配排水孔，减少积水概率

想要做好浴室防水，排水坡度不能不顾。有排水需求的空间地坪，其并非呈现一条直线的平整状态，而是有倾斜度的，好让水在地心引力作用下排出，只留少数水珠自然蒸发。在浴室，水多且经常流动的地方，自然需要做好利于水流排出的最佳倾斜角度，这个角度就是设计中俗称的排水坡度。

它的数值要求是每 100 厘米的水平距离，垂直方向要下降 1 厘米，依空间环境而定，一定要记住排水孔的位置要安排在坡度的最低点，若排水孔高过预设排水坡度，也是徒劳，因为水是往低处流的，但排水孔洞在高点，根本无法顺利排水，反而会让水积在室内，靠地砖吸收；又或者止水墩过低，没和排水坡度配合，让水溅出，同样会使防水处理失效。

🔺 浴室排水坡度与粉光工序。（工聚设计提供）　🔺 浴室地坪工程复杂。（工聚设计提供）

工法小知识：浴室防水可用弹泥，但要注意排水

弹泥是常见的也是便宜的防水材料，它的原料成分是树脂，泡水久了很容易变质分解，因此用它来做浴室的防水材料有一定风险，尤其当排水坡度没做好时，会导致地面排水功能不佳，积聚过多的水；再加上现在住宅装修爱用大尺寸砖，砖缝隙又要求越细越好，导致水分更难以挥发，因此弹泥防水层就有了潜在风险。反之，浴室厕所不积水，排水性佳，用弹泥做基础防水便不用担心。

🔺 不少人会用弹泥或聚氨酯黑胶做底层后再贴砖。图仅为示意图，非个案。

加强止水墩与排水孔周遭的防水，会更牢靠

天花板、地坪、墙壁都做防水层了，浴室里一些小地方的防水也要一气呵成。那就是上述提到的排水孔和止水墩。

排水孔指的是排水孔盖与落水头，特别是后者和排水管是否紧密镶嵌，落水头是否和地砖平行，两者的结合点是否涂有强化防水材料。浴室装修改建或新建，会看到高于地面的水管线路，那便是排水与粪管位置所在，通常宁愿先拉高管路，再来调整，也千万不要直接将排水管切除过多，导致落水头和排水管无法顺利衔接安装。

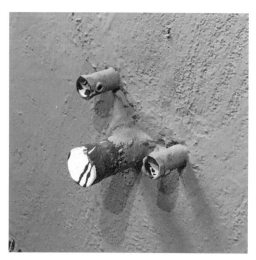

🔺 排水与出水的地方要强化防水。

🔺 浴室防水要做足。

工法小知识：放水测试防水效果

浴室防水层做好后，不要急着赶工贴砖，通常需要先放水测试防水效果，至少静置 24 小时以上，确认无问题后，才能贴砖，而在湿式贴砖过程中，装修师傅会通过拨动泥浆检查泥浆走向，以确保排水坡度无问题，若出现不易流动现象，可能就要在贴砖时重做排水坡度，通过增减泥浆层厚度来重新调配。

🔺 贴砖前要先试水。（恒岳空间设计提供）

贪图省事的装修师傅仅在排水管和落水头接缝处涂抹防水涂料，其实这样等于没有防水效果。稍有经验的装修师傅，都会在排水孔周边强化防水作业，在排水管与外围地坪覆盖无纺布，再上黑胶与防水涂料。甚至在排水管上孔覆盖无纺布之前，还要上胶黏着，涂防水漆，再沿着管切割挖洞，套入落水头后，在外圈重上一层防水涂料。

至于选弹泥还是选更高档的防水涂料，就要看业主怎么看待了。另一个和防水息息相关的是止水墩，它的功效在于阻挡水外泄到其他区域，起到断水作用。装修师傅会预先用水泥砂浆在卫浴门出口的地面上砌一个3~5厘米高的基座，有的师傅建议做得高于地砖2厘米，等门槛安装好后，才会将止水墩套上门套，在缝隙界面上胶，填补洞隙。

当然这里的防水措施也不能短漏，好的装修师傅会在止水墩与地坪相连处再贴覆防水无纺布打底，不让水分"趁机逃脱"。

▲ 预设的排水管线，与落水头关系密切。

▲ 止水墩处理不得马虎，至少高过地面2厘米。

工法小知识：防水层采用多次薄涂法

防水层要涂厚，才能起到保护作用，但得薄薄地涂，这一层干了，才能涂下一层，如果贪快厚涂，只会让防水涂料无法咬合墙面，全往地面角落堆积，且厚涂的防水层更容易裂开，反而失去了效果。

▶ 防水层要等这一层干了才能涂下一层。

门窗框嵌缝与防水，边角补强才是防漏重点

装修工程有一个重要工序——窗框安装与嵌缝，特别是外窗，其防水处理的好坏直接关系到能否阻挡外来风雨沿缝隙进至室内，业内常见的紧急补救措施是以防水漆涂抹外窗表层墙面，但持久效果不好。

从根本的流程工序上来说，门窗框的防水作业，重点在于窗边角落，以及立窗框时，外窗和墙面的衔接角度，是否倾斜做了排水坡度，使雨水往外排泄，不积水。

⬤ 外窗防水须谨慎。（工聚设计提供）

⬤ 空间情景示意图。（帝凡诺时尚瓷砖提供）

⬤ 只用硅胶（硅利康）填缝，门角渗水概率高。

窗框边角是防水重点

安装窗户要先立框确认位置与高度。墙壁根据设计方案事先挖凿孔洞，敲打会造成墙面凹凸不平，这时不用急着整平，等调整立框后，再将窗框和墙壁间的缝隙用掺有防水成分的水泥砂浆（比例为 1 : 2）填缝补满，宁多勿少，最好用到爆浆的程度再抹平，尤其是窗户角落一定要填好填满，使其没有气泡。

房子住久后，水汽会沿着窗户渗入室内，是因为窗框边角有"漏洞"可钻。所以立窗框时，从窗框外侧起算，在 30 厘米范围内，都需要加强防水，涂抹防水涂料。

窗框四角的无纺布斜贴，
做好二次强化防水

再进行至关重要的一战，窗框四个边角，采用45度角斜放无纺布或玻璃纤维，不仅可以增强边角的防水效能，而且包覆无纺布等建材还能有效减缓地震摇晃所导致的窗框与房子混凝土结构拉扯引发的裂痕出现，兼具缓冲材料的作用。

接着是涂一层弹性水泥，然后再用水泥打底，最后再贴外墙面材，面材选择则依照个人需求喜好，用瓷砖、石材板，或直接用水泥粉光当外墙的也大有人在。最后在窗框和水泥（贴砖）界面涂上硅胶，俗称"塞水路"，窗框防水工作才告一段落。

🔺 立窗嵌缝要注意防水。（穆刻设计提供）

🔺 窗框四角的防水处理要加强。图为示意图。（穆刻设计提供）

隔间墙工法比较表

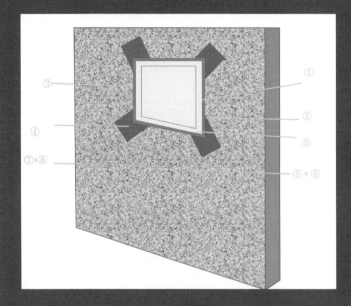

① 立窗框，做出外窗墙的排水坡度。

② 窗框嵌缝处用水泥砂浆、益胶泥填充，塞住孔洞缝隙。

③ 测试嵌缝处有无渗水，没有渗水时，再接着做素地清洁，上第一道30厘米范围内的防水底漆。

④ 窗框四边角以45度角斜贴无纺布或玻璃纤维。

⑤ 涂防水材料，等一层干后，才能涂下一层。部分施工会用弹性水泥替代。

⑥ 防水测试。

⑦ 外墙水泥砂浆打底，为贴砖或粉光做准备。

⑧ 贴外墙面材。（按面材施工工序进行）

⑨ 用硅胶（硅利康）填充墙壁和窗框界面。

工法小知识：防水无纺布是缓冲辅助建材

由聚酯混纱热熔黏结而成的建材，是防水工程的辅助建材，不能只拿它来防水，而是要利用无纺布的弹性张力和小分子接口特性，有效防渗漏与抗裂、抗拉扯，形成保护张力，充当上下层防水施工或结构体与防水层之间的缓冲带。

▶ 浴室墙壁阴角最好裹一层无纺布。

真相 03

房顶与外墙防水，有保护层也要注重排水效果

顶楼虽然有好风景，但如果最上层没有多加一层隔热屏障，夏天的时候，顶楼的室内温度总会高到爆表。时间久了，还会有漏水危险。这是因为大楼建构体在基础防水层外的表层另行施工的防水保护层有使用年限，过一段时间，就要进行补强作业。这也是老一辈的人总喜欢在顶楼房顶贴瓷砖的原因，他们其实并不是为了美观，而是想靠瓷砖来防止下雨带来的大量水汽侵蚀房顶。

同理，外墙即便做了再好的防水，在某些地区遇到潮湿闷热天气时，防水层也会出现问题。

🔺 住宅大楼外墙与房顶防水也是大学问。图为示意图。

防水层都有使用年限，要定期保养

我们常见的顶楼防水，多半以聚氨酯防水漆处理。校园操场跑道或篮球场的地坪绿色漆面，使用的也是聚氨酯漆，不过这种聚氨酯漆顶多撑 10 年，泡水过久或过了几年，很容易膨胀产生气泡，进而劣化，使水趁隙流入底层，所以如果用它来防护，要定期更换。

除了用聚氨酯漆，铺盖用沥青做的防水毯也是顶楼防水方法之一，可防水毯同样也有使用年限。再者，顶楼房顶通常是放置水塔的区域，须注意水塔层架的螺丝钻钉会破坏表面防水层，最佳的施工工序是先钻钉固定水塔架，再铺盖防水漆（地毯），如果颠倒了顺序，就要做好补强工作，在固定架螺丝钉四周重点涂布。

防水科技日新月异，近几年兴起的聚脲，是由异氰酸酯和氨基化合物组成的化学物质，具有弹性，可在涂布喷洒的对象上形成塑料保护膜，用来防水、防腐。不管是曲面还是平坦表层，皆可完全贴覆，而且施工快，速干，不用耗时等待即可在上面行走。它的使用年限比聚氨酯漆或沥青防水毯都要长，不过相应售价与施工成本也高，这就要看业主的选择了。

顶楼防水步骤一样要重视整理素底

业内常看到可自行涂抹的防水漆，这种漆也是有效果的，但大约两三年后，就要重做一回防水层。说了这么多防水材料，最重要的是施工步骤不能乱，特别是要用聚氨酯漆或聚脲等涂布的。所有的防水措施和打底贴砖一样，都需要整理素底。

老旧的防水层要刨除干净，清除杂质粉尘，查验排水设施和排水坡度有无问题，是否要重新施工，紧接着上底漆保护，更谨慎的，会用防水玻璃纤维无纺布作底，再上防水涂料。尤其是房顶和女儿墙栏杆的结合面处，将来可能会产生漏水洞隙，所以要确认完全贴覆。

▲ 敲掉外墙瓷砖，要拆到见"底"。

▲ 外墙贴砖，年代久远后需要翻新，连带重做防水会比较保险。（引里设计提供）

外墙防水贴砖的工序最复杂

外墙防水技巧更是五花八门，根据不同的外墙材质，防水做法也各有不同。常见的瓷砖外墙，它的防水结构是藏在粗底下的，也就是在用混凝土向结构体灌浆后，拆除板模，清理表面污垢后，会在上粗底前，涂布防水涂料（开发商常用的是防水漆或弹泥），所以如果瓷砖外墙要重做防水，要先将瓷砖剔除，底层的粗坯打底最好也跟着剔干净，以直接看到钢筋混凝土结构层为宜。

因此瓷砖外墙的防水处理会大费周章，老房子还好，因为都是要整修的，如果是新建好的房子遇到外墙渗水情况，就可见当初的防水工序没做扎实，这时要重来一遍，代价很高。

若非贴砖，单纯用水泥粉光外墙，它的基本结构由内到外都是混凝土层，粗底整平打底，粉光上漆或防水漆，这样其防水养护就会比瓷砖墙简单得多，只需要把表面粉光层刨除干净，即将旧防水漆刮干净，重新上底漆和防水漆即可。

在前文中提到了大楼广告灯箱，拆开广告牌可以发现这里的结构体是鲜少有防水层的，且呈现中空状态，这是为了方便走电路管线。一些高级大楼使用石材作外墙建材，其实如果仔细看缝隙，会发现石材是没有贴紧建筑物主体结构的，这里如果要补防水层，相当方便，只需要将石材板取下，重涂防水涂料，再黏合石材板即可，遇到缝隙大的，加用硅利康来填缝收边。

🔺 校园户外操场常使用聚氨酯涂料。

🔺 在年度建材展上可以看到各种防水材料，如图示。

第三章

装修工法秘技
步骤一举公开

要知道装修师傅在现场忙什么，

更要知道他们是如何掌控到位的，

工法是其中的关键，

但每种工法都有它适合使用的场所，不是

你想怎么做就怎么做。

装修无懈可击的秘密：
先重工法步骤，后玩升级创意

一般人常听到，也常遇到的装修施工项目，不是粉光便是砌砖，从户外的骑楼地坪、外墙，一路贴到室内。说到贴砖，我们听到的工法就有干式、湿式与半湿式，以及大理石工法、鲨鱼剑工法等名称；说到砌砖墙，又有丁式、顺式、英式、法式，不同的场所条件会衍生不同的工法需求，你选对了吗？

🔵 罗特丽瓷砖莱米系列。（北大欣提供）

🔵 美丽的装修设计背后，有段艰辛的装修路。

🔵 砌砖也分各式工法。

工法 1　干式工法：二次施工花时间，但平整度好掌控

真相

湿式工法说的就是底层砂浆带水铺砖，黏稠状有如沼泽泥泞。反观干式，并不是说水泥砂浆不带水干拌，而是仍有其黏稠性，可干式工法必须等粗坯打底全干变硬后，才能施工砌砖。其间需要静等数天，装修师傅才能再度进场，只需要在瓷砖和地面墙壁上涂布黏着剂，双面上胶，粘贴置放，用橡胶锤工具轻敲拍打出空气，同时调整平整度即可，所以业内称其为二次施工。

平整度高，避免砖空心

因为工作期拉长，工人的工资也跟着提高，无形中增加了装修成本，所以赶进度的设计案例，就像商业空间有店租压力一样，不太会选择干式工法。但对于住宅设计案例，干式贴瓷砖的密合度较高，平整度好掌控，更不用担心在铺湿砂浆的过程中出现地坪不平，瓷砖空心的问题。

辅以整平器，大尺寸瓷砖也能用干式工法

过去人们认为，因为干式工法的黏着剂干得快，所以要尽快贴合，否则不好调整贴砖角度，对一些大尺寸的砖或是吸水率较低的瓷砖，怕不好用力，建议用高吸水性的石材砖。现在，特别是客餐厅或公共空间，多用大尺寸砖，不少施工技术熟练的师傅，用干式工法贴大尺寸砖，原因在于整平器可以辅助调整大尺寸瓷砖的翘曲度，解决了黏着剂速干的问题。

◔ 现代室内装修，偏好大尺寸砖。（北大欣提供）

◔ 干式工法贴砖前的作业较耗时。

【口诀做法】地砖篇：粗坯打底，全干后才能上黏着剂砌砖

01 标记除脏污

确认地坪粗坯打底全干后，清扫附着的脏污碎屑，有油性物质的务必清除，免得砖粘不牢。接着以激光水平仪标记水平基线、中心点记号，土膏填平应有高度，再用墨斗弹线，以便放样瓷砖，排列出合适的顺序位置，尽量做到整块贴砖，减小切砖概率。

另外，如果贴地砖区域的墙壁也要贴砖，地坪的中心轴线要和壁砖一样，否则各自为政，焦点错落，精细度就会大打折扣。

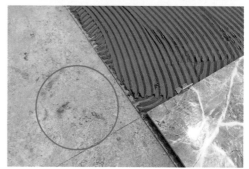

02 调土膏砂浆（黏着剂）

将水泥和砂以 1：3 的比例，慢慢加水拌成泥砂浆，再用快速搅拌机打成黏稠状的土膏，为增强黏性，装修师傅会以瓷砖黏着剂、益胶泥等来调配。不可太稀，而砂浆也不宜一次调配太多剂量，现场师傅利用地利之便，用塑料桶装，事先调配 1 到 2 桶备用，主要是为了避免黏着剂快速变干、变硬。

03 用量尺再度测量，确认瓷砖尺寸

正式贴砖前，须以量尺再次测量瓷砖大小是否吻合，是否要进行裁切，特别是贴砖贴到邻近边角墙壁时，势必有个角落的砖会难逃被切割的命运。再测量的好处是可以避免瓷砖黏附土膏后尺寸不合适要重做的麻烦，同时也能降低材料的损耗。

04 上土膏黏着剂

依据墨斗弹线标示位置，在地坪和瓷砖背面铺抹砂浆，以锯齿镘刀刮抹地坪与瓷砖背面，刮出波浪形纹路，土膏厚度两边加起来，约为2~3厘米。地板土膏涂抹面积一次也不要太大，涂抹1~2块瓷砖的宽度即可，以免土膏黏着剂快速凝固。要涂抹到哪儿，可参考墨斗弹线，弹线不仅可以确认水平，还能协助装修师傅确定施工范围。

名词小知识：干式工法，又称作硬底工法或日式工法

因为日本大部分的建筑、装修设计都使用这种工法，所以它有一个别称——日式工法，其实说的就是干式工法。

05 放砖贴平，敲打导出空气

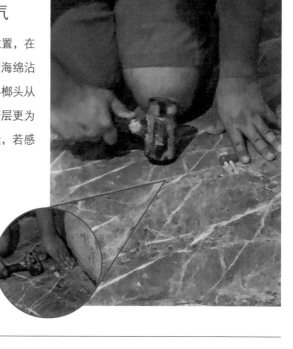

砖要轻压放置，根据预留的水平记号调整位置，在此过程中，土膏砂浆难免被挤压爆开，可用海绵沾湿擦拭，按压瓷砖将空气导出，可借助塑料榔头从瓷砖中心点向周边往外敲打，使结合的土膏层更为紧实，同时调整平整度。用手触摸瓷砖接缝，若感到不平整，可用榔头敲打压紧贴平。

06 安放整平器，辅助调整

因土膏砂浆尚带有水汽处于湿软状态，一旦被挤压还是有变形的可能，影响贴砖平整度，这时装修师傅会安放整平器来辅助调整平整度。在两片瓷砖之间的缝隙里安插整平器，锁紧上梢。人工施力可能导致不稳，现在可用机器协助，利用整平钳，夹住整平器，像胡桃钳般夹紧即可。

快则半日左右，瓷砖周边的土膏就可以干八九成，等一天，便可拆掉整平器，人也能在上面行走，但建议还是不要用力踩踏，以免影响黏着剂的功效。

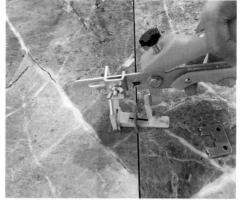

07 除污

在挤压瓷砖调整缝隙大小及水平角度时，多少会挤压出土膏，有些帅傅会利用身边的小工具，像是整平器的插梢片、切割过的小块瓷砖、刮刀等，来刮抹掉多余的砂浆，但为降低施工瑕疵，和让后续程序方便，他们会使用蘸湿的海绵清洁瓷砖，以免脏污滞留过久不好清理。

08 填缝

待土膏黏着剂全干，确认平整度后，等1~2天的时间，便可进行勾缝填补作业。要注意填缝时不可以踩踏破坏，工序结束后要随即清洁，不能过夜，否则土水会浸入瓷砖，导致变色。(右图为穆刻设计提供的示意图)

09 清洁

填缝处理好后，一样要静置等待干燥，再用湿海绵清洁瓷砖。如果有下一项工程，如木工要进场，就要在铺好的地砖上贴一层保护膜，以免工人进出刮伤地板。但要留意，铺保护膜未必就能避免地板瓷砖刮伤，工人入场还是要小心，尤其搬重物或尖锐物品时，仍存在刮伤风险。

【口诀做法】壁砖篇：最后调整墙面水平的机会

01 激光水平仪放样标记

在所有贴砖工法的开始阶段，都要用激光水平仪标记水平，方便装修师傅放样瓷砖，以利贴砖。一旦水平没做对，砖一贴上，整个空间就会看起来歪斜，同时也会影响瓷砖放样。

02 墙壁和地坪一起记录水平，算准瓷砖样

贴砖较为特别的是，当墙面和地坪同时有贴砖需求时，装修师傅会分壁砖组和地砖组进行，为让壁砖的水平中心线和地砖切齐，通常会有一组师傅直接测量墙面和地坪水平，方便进行放样。

03 弹线标示与计算所搭配瓷砖大小

确认好水平后，用墨斗弹线标记瓷砖位置，会锁定一个贴砖中心，以测量所需要的瓷砖尺寸。装修师傅为方便在现场快速记录，会用水性笔或立可白在墙上做记号，当无法贴一整块砖时，可以根据记号裁切所需要的大小。

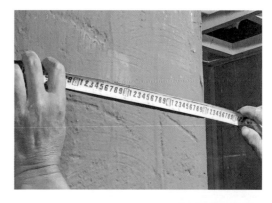

04 调配土膏黏着剂

做法同前述的干式工法口诀。须留意的是，水的比例如果较少，土膏剂就会比较硬，不好搅拌打发，师傅在涂裹墙壁时也比较吃力。

05 瓷砖上土膏黏着剂准备贴砖

在瓷砖背面上土膏黏着剂，用有锯齿状的刮刀刮出纹路即可，不用刻意刮出花样。

06 在墙壁上抹土膏，大尺寸砖一次抹一片

和上一个步骤属同步运作，装修师傅往往会两两一组，由资深工匠带助理进行，一个负责在墙壁上抹土膏，另一个处理瓷砖。墙面土膏浆不能抹平，要刻意刮出纹路。

另外注意，贴壁砖和贴地砖的逻辑方式相似，如果是贴大尺寸砖，最好将土膏一次抹一片。如果涂抹面积过大，贴砖速度跟不上，反而让土膏风干。

07 调整墙砖，对齐标记水平线

砖上墙后，要对齐水平线，可用裁剩的木作板材当工具，帮助对准当初设定的水平线，方便进行挪移调整，若是贴大尺寸砖，可选用吸盘辅助器，帮助挪动瓷砖。

08 靠地面的第一排壁砖要用
抬高器，撑高固定

考虑到地心引力，在土膏尚未风干固定时，
土膏承载着瓷砖，尤其是大尺寸砖，砖很容
易下沉贴地，影响后续的地砖铺贴，一般会
先放置保护垫垫高，采用抬高器撑起瓷砖。
至于协助垫高的材料，往往是现场的既有材
料，如不用的瓷砖、板材等，都可以。

09 墙壁阴阳角，注意瓷砖
相接的缝隙不能跑

贴壁砖较麻烦的地方在于阴阳角处理，即在
墙壁和墙壁之间的交接角，壁砖贴合要注意
瓷砖厚度。

究竟哪一面要当底层，哪一面要朝上，贴砖
后，要用量尺比对，看是否对准了最初的弹
线标记线。

⑩ 墙壁水平倾斜度太大时，填补土膏，靠瓷砖补强土膏

一些老房或新房，如果墙壁本身就是倾斜的，就说明当初的粗底整平未做到位，导致贴壁砖时要多填补土膏，才能保证墙面的平整度，墙体也不会真的歪到一边去。不过，如果倾斜太明显，填缝空隙就会变大，但如果土膏用量过大，土膏也会下滑，这时可借助不要的小瓷砖填缝补空间，如下列右图所示。

⑪ 用整平器校正壁砖平整度

无论是地砖还是壁砖，贴上瓷砖后，难免会有不平整地方，一定要用整平器来校正壁砖的水平平整度。

工法辅助工具：贴壁砖好帮手

刮板
便于装修师傅一次取足需要的分量，填补墙面土膏。

脚架
相机有三脚架，激光水平仪也有三脚架，特别是贴壁砖时，需要测量不同高度的水平线是否有偏移，不是只测量天地，因此需要用三脚架来架高仪器。

🔺 贴砖工程，看似简单其实很不简单。图为情景示意图。（Coverings 提供）

壁砖贴砖比地砖找平还难做

借助整平器可以让壁砖贴得更平稳，且粘贴牢固，免得墙面凹凸不平，影响美观。（工聚设计提供）

从整平器的多寡可看出结构体的原本水平状况

壁砖工法学问大，壁砖涉及立面维度与地心引力关系，贴砖时要留意瓷砖不往下滑。此外，墙面的平整度也是重点，看到的整平器越多，固定越牢，越能表明打底基础还可以再强化。（恒岳空间设计提供）

配合天花板木工工程留缝

贴壁砖要留地砖的空隙，如果还做天花板，正规程序是先下天花板角料，再贴壁砖，但为了调配进度，两者的工序有变动时，就要预留一些伸缩空间，以方便天花板木工工程下脚料。

工法辅助工具：贴壁砖好帮手

吸盘

大尺寸瓷砖较重，不好拿握，吸盘可以方让师傅吸附拿取瓷砖，用来调整贴砖位置。

升高器

避免黏着的土膏尚未风干而导致瓷砖受地心引力影响滑落，特别是大尺寸砖，重量重，壁砖一层层砌，容易滑脱，装修师傅会用升高器固定，撑起瓷砖，同时为地砖留缝。

⬆ 壁砖顾及的不只是立面，还要帮地坪预先找好视觉中心点。图为情景示意图。（三洋瓷砖提供）

干式工法施工注意事项

01 等打底全干比较花时间

软式工法中铺设的水泥砂浆，水分比例较高，外观看起来较湿软，可以一边用砂浆补平凹凸不齐的地面缝隙，一边贴砖，只要确认地砖贴上后的高度达到理想厚度即可。但干式工法是等全干后，才进行砌砖工程，如果地坪的平整度事先没做到位，贴砖也会跟着不平整，所以选用干式工法，就要把粘标志牌做到位，底子要彻底整平。而一般（建设案例）的地坪很少会顾及整平工序，因此选择无论哪种工法，都要留意。

⬥ 干式工法贴砖要预先打底，等底全干才能砌砖。

⬥ 干式施工比较花时间。

⬥ 素底整理，要把杂质、大颗砂砾清理干净才能贴砖。

02 底部要把土疙瘩杂质清除干净

无论是干式、半干式还是湿式工法，砌砖的第一步都一定要把地面清扫干净，万一留有"土疙瘩"或小碎石、脏垢，都会让土膏黏着力受影响，特别是有油污的垃圾，由于油水的分离作用，很容易使本身具有亲水性的黏着剂分离。

03 整平器插梢兼作留缝器

瓷砖之间要预留热胀冷缩的伸缩缝空间，以 2
毫米为佳。为方便施工与识别，装修师傅会在
贴好砖时，先插入整平器的插梢片，因为插梢
片的厚度大约是 2 毫米，可兼作伸缩缝的预
留空间，贴上紧邻的瓷砖后，敲打整平，再扣
锁整平器。

而预先放置插梢片还有一个好处，就是可以方
便固定。为便于施工，师傅会将裁切瓷砖的剩
料当作标志牌，垫在插梢片下方，以便维持固
定位置。

⬦ 整平器固定后，可兼调留缝大小。

⬦ 工地上唾手可得的小工具都能临场发挥作用。

04 震动神器代替橡胶锤整平

在传统做法中，会用橡胶锤从中心向外敲打，
一边打出空气，一边调整水平，装修师傅还要
靠手感来确认，如果摸到瓷砖之间有高低不平
的地方，就要用橡胶锤多槌几下，整平器也要
多锁几个。现在由于科技发展，自动化的震动
式铁锤神器宛如自动化橡胶锤，可以让师傅少
出力，省事不少。这个神器堪称地砖熨斗，可
以把地坪"烫平"。

⬦ 自动化的电动铁锤可以毫不费力地挤压出瓷砖下
面的空气。

05 蝴蝶梢可解决极度不平整问题，但不能放置太久

现代人喜欢在公共空间铺贴大尺寸瓷砖，动辄 80 厘米 ×80 厘米或 90 厘米 ×120 厘米，可大尺寸瓷砖的翘曲度问题很难避免，进而影响瓷砖间的不平整程度，有时甚至使用震动器和整平器都无法解决。所以，在极度不平整的地方，师傅会用一款形状类似栓梢锁头的蝴蝶梢来强力压平。当地面有很多蝴蝶梢时，可能就表明这个地方原本就非常不平整。

不过要注意，蝴蝶梢本身的基材是纤细尖锐的金属线，取出时，一不留神金属丝就会刮到瓷砖，特别是蝴蝶梢要插进土膏黏着剂中才有效果，但等黏着剂全干才拔出来，反而会伤到锁牢的瓷砖边角，最后还要靠石材美容进行事后修补。通常为了防范刮伤瓷砖，师傅不会等土膏全干才拔梢，待七八成干时，就要尽快取出。

◎ 蝴蝶梢整平器的纤细金属线一拉就容易损毁，也很容易刮伤瓷砖，使用时要小心。

◎ 蝴蝶梢整平器，也有人叫它蜻蜓整平器。

◎ 蝴蝶梢整平器专门用于处理极度不平整的贴砖区域。

◎ 整平器可协助整平地砖，特别是大尺寸砖。

06 慎选黏着剂

黏着剂可使用海菜粉或益胶泥，到底选哪种？考虑到成本和黏着力，自然推荐益胶泥。因为它比传统水泥加海菜粉混合物的黏着力高，可用来粘贴吸水率低的大尺寸砖。

▲ 黏着剂。

07 裁切瓷砖边缘贴胶带，防碎裂

在一些角落或侧边区域通常要裁砖。有些设计师会请瓷砖厂商直接在工厂加工，有的则是在现场裁切。考虑到深色砖标识方便（不直接在瓷砖上标识，避免染色），以及现下瓷砖侧边很少烧釉，师傅会先量好尺寸，再贴一层封箱胶带，以便用水性笔做标记（不能用油性笔，会洗不掉），同时在机器切割磨边时，也可免去裁切受损，避免不必要的损耗。须现场裁切的大尺寸砖的特殊边缘，同理也要先贴胶带做保护，以免碎裂。

过程中也要做好保护，以防瓷砖撞击受损，特别是在裁切大尺寸砖时，当地坪未做保护贴时，会在切割器下方放置厚纸板，作为暂时性的保护装置。

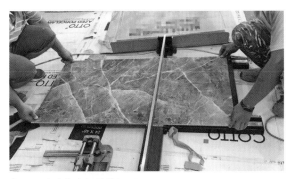

▲ 大尺寸砖有专门的裁切器。

▲ 贴胶带现场切割，可防瓷砖破裂损毁。

【适用区域】客餐厨卧全区域性地面、墙面

用大尺寸砖显得大气

干式工法贴砖，砖的黏着性强、吸附力高，可让平整度有保证，对大尺寸地砖来说是一大福音，不用担心放置地砖时会有空气跑进缝隙，避免发生空鼓现象，所以在住宅的公共空间，如客餐厅，需要用80厘米×80厘米的地砖甚至更大尺寸的地砖来彰显大气格局，这时选用干式工法甚为恰当。

非潮湿的空间都适用

干式工法不仅适用于大尺寸地砖，也适用于墙面贴砖，它不易导致瓷砖剥落，但干式工法最忌讳的是像浴室潮湿多水汽的环境，故一般室内居家空间多考虑干式贴砖。

高吸水率瓷砖佳，抛光石英砖要小尺寸

诚如上述干式工法适用于较干燥环境一样，高吸水率的石质或陶质砖是对应干式工法的较好选项，抛光石英砖并无不当，只需留意尺寸问题即可。从种种条件推敲可以发现，除了客餐厅外，卧室的地坪、墙面也适合使用这些砖。

▲ 大理石纹瓷砖常用来彰显大气格局。（汉桦瓷砖提供）

▲ 罗特丽瓷砖莱米系列，有60厘米×120厘米与120厘米×278厘米的大尺寸砖可选。（北大欣提供）

⬤ 坚硬耐磨的白马瓷砖雅致二代系列，为全年龄段设计的瓷砖，居家与公共空间通用。（白马瓷砖提供）

⬤ 大理石花纹的罗特丽瓷砖奥创石系列，为大尺寸规格，适合豪宅、饭店等全区域使用。（北大欣提供）

工法 2　软底大理石工法：地砖好控排水，但不能重压

真相

干式工法属于反复进场的工法，要等粗底全干后，才能上工贴砖。软底大理石工法则是将底部清扫干净便可开始施工，属于一次进场，无须等待，即便是贴一块砖后再铺垫下一块砖要用的砂浆层，相比下来，所耗费的时间明显减少，但现场施工的步骤手续繁多，间接影响到人工，以致工资偏高。不过软底大理石工法的平整度是目前贴砖手法中最高的一种，同时也适用于有排水坡度考虑的区域，比如浴室、骑楼，全面性区域皆可使用。

兼顾平整度与排水坡度需求

软底大理石工法的施工流程和其他做法大同小异，最大差别在于铺垫的水泥砂层和含水比例。干式工法是直接涂抹土膏黏着剂，厚度控制在 3 厘米以内，没有追加砂层垫底；湿式工法铺垫的水泥砂浆湿软多水，可用来检验排水坡度，等到水分蒸发一部分后，师傅穿钉鞋踩在泥砂上贴砖。软底大理石工法在清扫地坪后，在工序上有下列特征。

特征 1：先浇灌一次泥浆水（水泥调水），保持地面湿润。

特征 2：以 1：3 的比例拌水泥和砂，且不加水，使其变至黏稠状，用镘刀抹平作底层，后续再浇灌一次泥浆水。

特征 3：铺地的水泥砂层与其他做法相比，厚度明显增高许多，有 4~5 厘米高。

特征 4：厚实的底部不但有利于大尺寸砖的铺砌，而且可以消除瓷砖本身翘曲度所带来的不平整疑虑。

特征 5：由于其具有软底特性，可预留 1 厘米厚的弹性空间，然后用力敲打下压，慢慢压平瓷砖。

◐ 铺垫水泥砂层，用捧尺刮除整平砂石。

此外，软底大理石工法中铺垫的厚实的水泥砂层有助于日后吸排水分，这点特别适合需要有排水坡度的地坪，比如浴室、阳台或骑楼等场所。按照标记好的棉线路径，下料水泥砂层，过程中若需要调整排水坡度，它和底层是湿软水泥砂层的湿式工法，有助于实时调整。

瓷砖伸缩缝可做精美的 1 毫米缝隙

属于施工单位一次进场的软底大理石工法，打底和铺贴可以在同一天处理，可缩短施工周期，另一个好处是它的瓷砖缝隙可以做到极小，有些室内设计师偏爱"无缝"，认为缝越小越好，该施工法可以缩小缝隙，做到 1 毫米的极小缝隙。但无论要留多小的缝，都请谨记瓷砖的热胀冷缩，保留一定的伸缩空间是关键。

⬥ 贴砖时要由中心向外轻敲瓷砖，排出空气。

⬥ 软底大理石工法需要铺垫较厚的水泥砂层。

⬥ 软底大理石工法使用的水泥拌砂偏干。

名词小知识：大理石名字来自早期用于贴石材的工法

早期流行贴石材类的地砖，如花岗石、大理石，人们看中的是其造价亲民，产量多，取材便利，但受限于要同步保留天然石材切割后的完整性，厚度要在 2 厘米以上，且地砖要更大，因此每块石砖的重量增加，底下铺垫的水泥砂也要跟着增加厚度，否则将难以支撑。而以前只有石材类瓷砖，所以才有大理石工法的称呼，但是现在，纵使不采用天然石材，也能以该工法进行贴砖。60 厘米×60 厘米以上的抛光石英砖都可以使用。

▲ 软底大理石工法。

【口诀做法】拌水泥砂浇砂浆水一次一贴

01 标记放样（排水坡度要拉线）

即便工法不同，第一个步骤也都是在贴砖区域标记水平线，放样瓷砖，对准应有的中心线，同时确认瓷砖尺寸，看是否有需要调整切割的地方。

如果是在骑楼、阳台浴室等地贴砖，就需要拉出排水坡度，定点拉棉线做"井"字标记，以便让师傅铺垫泥砂和放砖时有所依据。

02 清扫脏污

同其他工法一样，砌砖之前须将地面清扫干净，粗坯打底遗留的土疙瘩，都要一并剔除，避免影响黏着力，造成日后瓷砖空鼓。

03 瓷砖二度放样重设大小

正式贴砖前，还是要经过比对，二次校改，尤其是裁切过的瓷砖，可能会因为机器裁切的些许误差影响贴砖的预留伸缩缝，特别在侧边墙角，不是裁过头，就是留过满，所以只要是切割过的砖，最好都要再放样调整。

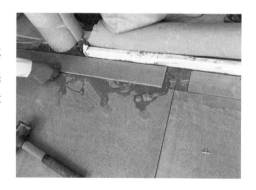

04 调砂浆水

以桶装水拌一些水泥粉，调成砂浆水（有人称之为土膏水）步骤类似调面糊，不能太稀，也不能太稠，整体带水感重，视觉上比较像稀薄的泥石流状，如果初次配比偏稠，可慢慢加水稀释。

05 拌水泥砂

根据现场大小，可用小型搅拌机或大锅具的搅拌器来拌泥砂，水泥粉与砂石比例为 1：3，有些师傅会把该比例调整到 1：5，砂石占比越高越有助于提升黏稠硬度，不用额外浇太多的水，单纯拌砂即可，否则会变成水泥砂浆。

06 浇砂浆水，铺水泥砂层

铺垫水泥砂层前，要先盛砂浆水泼洒地面，保持湿润。另外要注意，盛砂浆水前，为避免泥砂沉淀，要先搅拌几下。

将搅拌好的水泥砂，铺在已洒过砂浆水的地面，一次尽量以铺一块砖的面积为佳，至多铺两三块砖的宽度，厚度以放样目标记号为准。再用捧尺初步刮平砂层，刮掉过多泥砂，施工细致点的，会用镘刀补平散落的孔洞，让砂层紧实。

07 二次浇砂浆水，浸润水泥砂层

水泥砂层不掺水偏干，贴砖前会再浇灌一次砂浆水，让表层看起来吸了水，带点湿润感，但不能浇过头，否则就成了名副其实的"泥石流"，带水过多，当砖放下去时，会因重量关系让砂层下陷，偏离当初设定的水平线。除此之外，浇灌砂浆水后，水分多少会侵蚀砂层，造成孔洞，可以用镘刀再刮平。

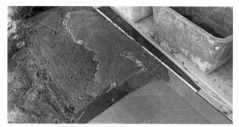

08 抹黏着剂开始贴砖

备料黏着剂，准备替瓷砖上"胶"，黏着剂不用涂抹过多，无须像硬底工法那样厚涂，大致盖过背面的凸起纹路即可。

09 用橡胶锤调整水平位置

按标识的记号放置涂抹好黏着剂的瓷砖，用橡胶锤从中心向外敲打，慢慢挤压出空气，同时让黏着剂和泥砂层紧密贴合，同步调整平整度和水平线。为辅助校对排水坡度，会用小型测量工具校正水平。师傅边敲锤，边对着工具确认。

10 用十字榫头固定瓷砖留缝

依序贴砖时，针对预留的缝隙，可用"十"字形的榫头当插梢，放入瓷砖之间，固定要留缝的位置。这类插梢以 2 毫米大小的居多。

11 用湿海绵清洁粘有泥砂的瓷砖

虽然泥砂层不带水，但是浇注砂浆水后，铺垫的砂层会跟着变成半湿软状（造就所谓的软底），大尺寸瓷砖有其重量，贴合时难免会挤压出过多的泥浆，甚至在要铺下一块砖底时，砂石会溅溢喷出，师傅大多是一边贴，一边用湿海绵清洁被溅脏的瓷砖。

优点与禁忌的对比

大理石工法不属于二次施工，工序看似繁复，但只有在初次放样比对时对与做基线时较耗时间，除此之外，一旦确认无误，后续贴砖速度即可加快不少。

施工过程中，师傅要不时注意砂层有无孔洞缝隙，如果孔洞缝隙过多，就会影响砖的黏附力。

🔺 贴大尺寸砖时需要师傅两人一组进行。

大理石工法施工注意事项

01 砂要事先浇水养护才能拌水泥

最好在拌水泥砂的前一天，浇水养护砂石，让砂石吸收足够的水分，如果少了这个步骤，就会让后续程序需要的砂浆水被迅速吸走，使砂层和瓷砖不够贴合。记住，泥工需要水来当媒介，一旦缺水，干裂就会更明显。

在现场拌砂石，因气候关系难以保持过度干燥，装修师傅会凭经验判断，浇灌点水，而铺垫水泥砂层后，也可根据现场状况，在上砂浆水前多灌注水。

🔾 水泥砂层铺底后，可再浇水保持一定湿润度。

🔾 搅拌水泥砂，可适当加水，但不能过多。

02 用砂浆水来增强黏着力

砂浆水也称土膏水，大理石工法很重视砂浆水，除第一层铺底外，还要在砂层上方再浇灌一次，目的在于增强砂层的黏性，以便瓷砖背胶上的黏着剂益胶泥强化粘贴力。所以师傅调配砂浆水时，不能将其调配得过稀。

🔾 用砂浆水时，要再度拌匀，避免沉淀。

🔾 用砂浆水浇灌水泥砂层，预备贴砖。

03 倒退着贴砖忌踩踏变形

大理石工法贴砖的顺序是倒退着贴，贴好后便不会踩踏在瓷砖上，而考虑到水泥砂层是半湿半干状态，只要稍微用力，就可能让贴好的瓷砖下陷或偏离原本固定的留缝位置，所以瓷砖贴好后，要避免在上头行走，以免变形。搁置 1~2 天后，地砖便可定型。

有些心急的业主一听到砖贴好了，便想实地视察确认，可又想明察暗访，径自踩踏地砖，后果可想而知。建议业主们先询问一下师傅用的工法，再来决定该怎么视察现场。

◯ 大理石工法贴砖要倒退着贴，人不能踩在上面。

◯ 遇到不平整的地面，需要用整平器辅助贴平。

04 水泥砂层会垫高，要注意地坪至天花板的高度

比起硬底或湿式工法，大理石工法的底层厚度颇高，鉴于水泥砂层垫高到 4 厘米以上，通常贴砖时便要考虑到地坪到天花板的高度，在地坪增高、钉天花板的条件下，多少会影响视觉观感。另外如果想在浴室使用大理石工法，相关的排水坡度、落水头等，全都要仔细规划。

◯ 大理石工法，大多是贴一块砖便铺一块砖的水泥砂。

05 标记用的棉线沾上砂浆要适时剥除

铺垫水泥砂层，浇灌砂浆水，难免会让标记水平位置的棉线粘上砂浆。为了避免时间一久，砂浆干掉，棉线不易辨识，影响水平记号，装修师傅要时不时用手剥除砂浆，趁其未凝固时将其清理干净。

🔺 标记水平的棉线容易粘上砂浆，须不时剥除。

🔺 棉线放样，方便师傅贴砖找到基准点。

06 适当调整高低

已事先放样，有的地面也已整平，按理说地平线不应该出现太大的高低差，新建房子或可避免，但一些老房子的墙壁和地坪的水平线十有八九会倾斜，所以铺地砖时，要考虑整砖计划和接缝处，贴到靠梁柱的周边时，有经验的师傅会用填补泥砂的方式，进行地面的高低整平，补足或减小高低差距，以便让贴砖后的地坪回归正常的水平线。

🔺 适度填补泥砂可协助进行地面整平。（穆刻设计提供）

【适用场所】全区域地坪都适用

浴室也适用

浴室早期常用传统湿式工法，贴地砖前要先泼水测排水等杂事。现在越来越多的人计划在浴室地坪上使用软底大理石工法，做好水平，铺半干湿的水泥砂层，浇淋土浆水，仅在瓷砖背面涂黏着剂即可施工，方便快捷。大尺寸砖或正常尺寸的砖，又或是多边形的砖，都能轻易操作。另外也有一种说法，浴室如果设计的是干湿分离的，才会比较适用，否则还是要以湿式工法为主。

⬤ 情景示意图，并无指涉使用工法。（Coverings 设计提供）

需要排水的骑楼车道

户外一楼的人行通道，考虑到载重，以及室外多少会有风吹日晒，利用高厚度水泥砂层垫底的软底大理石工法，只要施工得当，就可以满足承重需求。特别是在要打造排水坡度的骑楼车道，考虑到排水功能，该工法较其他工法胜出许多。

⬤ 骑楼车道示意图，并无指涉使用工法。（明代设计提供）

室内地坪限制低

除了壁砖一定要用硬底工法外，其他室内各个功能空间的贴砖工法并无严格限制，卧室、客餐厅与厨房等的地坪，可以用硬底工法，也可以用软底大理石工法。只是软底大理石工法需要厚厚的水泥砂层，势必会降低室内高度，当天花板降低时，你要考虑自己可以接受的视觉高度，这些全都要在施工前计划好。

⬤ 各种贴砖工法各有优缺点。（穆刻设计提供）

⬤ 大理石工法施工示意图。（穆刻设计提供）

工法 3　湿式工法：
最适合用来贴浴室地砖

真相

有些人认为湿式工法属于传统方式，底部的水泥砂层一旦干掉，就容易下陷，导致泥砂和瓷砖之间产生空隙，有空鼓风险，所以现在的贴砖施工鲜少会运用到湿式工法。湿式工法的水泥砂浆层是和水搅拌而成的，其黏稠程度类似泥沼，比起硬底和大理石工法，它的水分含量极高。湿式工法虽然有空鼓风险，但是在贴浴室地砖时可谓如鱼得水。

因为需要排水，所以浴室地坪要打造恰当的排水坡度，而湿式工法可以顺着砂浆水流检测调校坡度，贴砖前做适度校准。一般来说，有排水坡度需求的可以采用湿式工法，比如阳台、骑楼，但还要考虑瓷砖的类型及尺寸，通常要彰显空间气度的，会优先考虑用大尺寸砖，湿式的软底做法，则不太适用。因此现在湿式工法多用在浴室、洗手间。

🔺 湿式工法多用来贴浴室地砖。

🔺 浴室贴砖技巧多。图为情景示意图。（白马瓷砖提供）

名词小知识：软底工法下的湿式工法

贴地砖的工法繁多，业内说到软底时，会再将其分成湿式和烧底（骚底），真正的软底做法只有两种：一种是含水量高、适合浴室使用的湿式工法，另一种就是水泥砂层半湿半干的大理石工法。

【口诀做法】拨动流水，确认排水坡度后再贴砖

01 标记放样 (排水坡度要拉线)

以浴室贴地砖为例，事先以激光仪测量水平，拉线标记，确立应有的平整度及排水坡度。如果壁砖已经贴好，地坪可以按壁砖既定的中心线放样瓷砖，这样比较节省力气，因为壁砖已做好分割线，师傅贴地砖时会更容易对齐，省心又省事 (以下图片均属示意图，非同一案例)。

02 清扫脏污

所有的贴砖处理，再基础不过的，就是要将地面上的脏污清除干净，无论是哪个功能空间，甚至贴壁砖都要清扫墙面。如图所示，地上留有残余干涸的泥浆碎石，会影响实际的贴砖效果。

03 裁切大小合适的瓷砖

如第一步所述，沿着壁砖的中心线，采用左右对称的方式放置瓷砖，确认位置，让墙面的水平垂直线和地坪对齐，至于两个侧边无法按原尺寸瓷砖放置的，则需要用量尺测量大小，用专业切割器裁切。同样需要在贴裁过的瓷砖前，再比对一次，看是否需要用电动磨具微调。

04 拌水泥砂浆铺底

湿式工法倾向于在同一空间区域内一次处理，不同的是，软底大理石工法是贴一块砖铺一层砂浆层，将水泥和砂以 1：3 的比例彻底拌匀，砂不能有结块现象，要加水搅拌，这时要注意水泥砂浆要高含水量。标记好水平线，铺垫水泥砂浆。（宝兴建材行提供）

05 用捧尺整平，确认排水坡度

用长条捧尺做整地动作，将粗铺的水泥砂浆刮平整，同时注意砂浆的泥水流动方向，要不停地刮，以确认泥浆水是否顺利向排水孔处流去，只要经过拨动，水又回到排水孔处，那就表示排水坡度没有问题，该地面具有排水功能。
等地面排水坡度的底子固定后，可以用海绵吸掉水泥砂浆中过多的水分，或是静置等待水分自然风干，后者可能要花半天以上的时间，才能继续贴砖。（宝兴建材行提供）

06 二次铺泥砂，确认标记水平高度

清除水泥砂浆的多余水分，较能清楚辨别当初铺水泥砂层时有无对准放样标记点，若有不足之处，则需要再次铺水泥砂浆。接着贴砖前，要先在地板水泥砂浆层撒一层干水泥粉，宁多勿少。（宝兴建材行提供）

07 贴砖时用橡胶锤敲打整平

由内向外依序贴砖，每贴一块，就要使用橡胶锤轻敲，好让瓷砖紧粘底层，同步做整平工序。（右图仅示意）

08 清洁

所有贴砖工法的最后步骤，都是要将瓷砖表面清洁干净，趁泥砂浆还未干涸之前，用沾湿的海绵擦拭。

⊙ 浴室贴砖工序稍复杂。（CERSAIE 提供）

⊙ 浴室贴砖须注意防滑。（冠军瓷砖提供）

工法小知识：认识贴砖工具——海绵推刀

装修工具五花八门。海绵推刀底部不是金属，而是偏软的海绵材质，是贴砖抹刀的一种，专门用来抹缝。

◀ 海绵推刀。

湿式工法施工注意事项

01 湿底工法要一鼓作气铺水泥砂浆

浴室贴地砖涉及排水需求，要利用高含水量的砂浆层来确保排水坡度无误。它铺垫水泥砂浆不能像硬底工法那样，局部地贴，而是要一鼓作气铺好一个区域的砂浆层，例如如果是干湿分离的浴室，那么淋浴间区域的地面就要一次处理，或马桶洗脸台区域的面积要一次做足。

02 穿钉鞋方便踩在砂浆层上

因为湿式工法的水泥砂浆层偏软，又是整体性铺垫，穿一般胶鞋在砂浆层上活动，可能会破坏已经处理好的水平线，所以装修师傅会穿钉鞋，以便于活动，仅利用钉鞋的尖锐点支撑平衡，同时也可以避免影响砂浆层的结构。还有一个类似钉鞋的工具——铁架，也是为了方便师傅踩踏，它更兼具放瓷砖与工具材料的功能。这些是湿式工法中常见的工具。

但有一点要注意，钉鞋留下的孔洞，日后也对贴砖质量有影响，所以在砌砖时，师傅要想方设法填补，抹平处理，将孔洞的伤害减到最低。

⬧ 装修必备钉鞋和铁架。图仅示意。（开物设计／天工工务所执行提供）

03 干水泥粉可当助黏剂

用软底大理石工法贴砖前，要先浇注砂浆水，帮助瓷砖增强黏着力；而湿式工法则是要靠干水泥粉来增强黏性。除此之外，干水泥粉还可以协助吸收水汽，让干湿软的水泥砂浆层。协助吸收水汽，变得干燥，以方便后续贴砖，因为如果水泥砂浆太湿，会让瓷砖咬不住底层。相反，当砂浆层在贴砖过程中蒸发水分，变得过干时，反而要洒水，以保持一定湿度。

04 排水孔附近的地砖要做出高低差

一路贴砖到排水孔附近时，为了让水顺势流进排水孔，避免日后孔洞周边有积水现象，会特别针对该区域做出高低差，铲挖些许水泥砂浆，整平后再行贴砖。

⬤ 浴室地砖示意图。（工聚设计提供）

05 40 厘米 ×40 厘米以下的瓷砖较合适

因为湿式工法的砂浆层偏软，遇到重物时，砂浆层很容易塌陷，影响原来的水平，所以当采用湿式施工时，不太建议使用重的大尺寸砖，浴室要用 40 厘米 ×40 厘米尺寸以下的瓷砖来铺贴。

⬤ 图仅示意。（开物设计 / 天工工务所执行提供）

06 切割深色砖，可用立可白标记，勿用油性笔

无论是何种做法，当要裁切深色砖时，装修师傅都会从两种方式中选择一种来切割。一种是直接在深色砖上用液体状立可白做记号，这样事后可刮除又不伤及瓷砖；一种是在要裁割的地方，粘贴封箱胶带，再用墨斗弹线标记，或者用水性笔来做记号。不要用油性笔，因为用油性笔作的记号难以消除，而且遇到浅色砖时，会让瓷砖吃色。

⬤ 传统立可白是装修师傅的标记好朋友。

⬤ 深色砖用立可白标记，清楚易识别。

【适用区域】浴室

为方便排水，一般淋浴间会选用小砖

浴室的贴砖工程有些烦琐，要等防水处理妥当后才能贴砖。而光是防水，程序就不少，这是根据施工成本决定的，但最基础的墙壁、墙角、墙面和楼板的接缝处，以及排水孔、落水头的防水施工都要花工夫。

采用湿式贴砖的浴室，不宜选大尺寸的地砖，可以选用马赛克瓷砖或 30 厘米 ×30 厘米大小的瓷砖，由内向外贴齐即可。贴好后，要避免在上面踩踏。

◔ 浴室地坪多用湿式工法贴砖。（CERSAIE 提供）

没有干湿分离也好排水

随着软底大理石工法越来越被大众接受，它也被用来贴浴室地砖，不过考虑到渗水与排水功能对瓷砖的空鼓影响，在浴室干湿分离的情境下，才可使用它。而湿式工法就没有这方面的问题，十分适合浴室场所。但因为是室内，要全区铺砂浆层，师傅事前的瓷砖放样要精准些，避免来回踩踏，即使穿钉鞋也一样。尤其是贴特殊造型的瓷砖，如六角砖时，整砖规划要完善，在侧边铺的砖要根据需要裁切尺寸和修饰花纹。

◔ 湿式工法使用有限，适合用在浴室。
（CERSAIE 提供）

工法 4　鲨鱼剑工法：
成本低，施工快速

真相

从室内设计案例来看，使用鲨鱼剑工法贴地砖的例子并不常见，即便它有施工快速、成本低的优势。常见到它的，反而是在一些建筑案例中，主要是建筑公司买卖房子有交房期限，为了有效缩短工期，就采用了施工快的鲨鱼剑工法，再说有些装修师傅的工资是以日计价的，贴砖时间变少，就不用支付那么多工程费，所以深受不少建筑公司的喜爱。而鲨鱼剑工法贴砖之所以快，是因为它有如下特性。

特性 1：一次性整地。全面铺好底部的砂浆层后，直接泼洒预拌好的黏着剂泥浆，再利用形状有如鲨鱼利齿的抹刀工具，均匀拨动浆泥。要贴地砖的空间有多大，就一次整理好多大的地坪。

特性 2：可以直接踩着砖贴。不用担心底没干会让地砖变形，可直接踩在砖上前进。

特性 3：可以一口气贴砖。全面一口气由外向内贴砖，无须像硬底或软底大理石工法那样，只能一块砖一块砖地循环贴。

⬛ 工法没有好坏，就看师傅是否照规矩来。（恒岳空间设计提供）

⬛ 鲨鱼剑工法贴砖颇省时便利。（恒岳空间设计提供）

这种省时便利的手法，获得不少设计师的推崇，不过一些有经验的师傅认为，鲨鱼剑工法属于前进式贴砖，等贴好后，师傅退场时要重踩在底层水泥未干的瓷砖上，或多或少会对平整度有影响。是要赶时间省成本还是要高质量费成本，这点就看自己拿捏的基准点了。

在此重申一下，工法并没有绝对的好坏，问题还是在于是否正确使用了材料，以及师傅能否按部就班来，这才是管控工程质量的关键。

🔺 选择哪种工法要根据自己的预算与需求来确定。图为情景示意图。（CERSAIE 提供）

名词小知识：名字来自锯齿状的标尺

鲨鱼剑工法是施工的改良版工法，之所以这么称呼，是因为它使用的捧尺，像鲨鱼牙齿，用于整平工序。它的出现主要是用来改良传统的软底工法的，希望能够提升水泥砂浆的吸附力，避免产生空鼓现象，所以它也有一个别称——改良式大理石工法。

【口诀做法】全面抹浆后快速贴砖

01 标记放样（排水坡度要拉线）

即便工法不同，第一个步骤也都是在贴砖区域标记水平，放样瓷砖，对准应有的中心线，同时确认瓷砖尺寸大小有无，看是否有需要调整切割的地方。（以下步骤为示意图，非同一案例）

02 清洁地面

清除脏污垃圾，将工地施工产生的灰屑、土石清扫干净，以免影响砂浆层的黏合能力。泥工的每道程序都很重视清洁表层，如同图中显示，从最初的粗坯打底到砂浆层铺盖，都要求表面干净，以便在下一个工序可更紧咬结合的媒介层。（右图为示意图，恒岳空间设计提供）

03 搅拌水泥砂浆

水泥和砂石比例控制在 1：3 到 1：5 之间，最常见的比例配方是 1：3，先人工搅拌均匀，勿让砂石或水泥粉结块，当铺垫的面积较大时，可求助于泥砂搅拌机，多次来回搅动拌匀，省事又省时，如图所示。比照浇花手法，慢慢地分散混合加入清水，再次拌匀，让水泥砂层达到半干湿状态。

04 先洒土浆水，后铺泥砂层整平

地面比照大理石工法，须在底部先洒浇土浆水（水泥粉加水），再铺盖水泥砂层。为方便施工，有些师傅会整地铺盖水泥砂层，等到要浇土浆水时，先将泥砂拨到侧边进行。铺盖好的半干湿状水泥砂层，用捧尺刮平表面，调整水平高度，以便与预先设置的标记线对齐。在水泥砂层半干的状态下，即可进行贴砖工作。（右图百宏工程提供）

05 黏着剂全区涂布前进式贴砖

将水泥和黏着剂调配成泥膏状，倾倒在整片地面上，以大型锯齿状的抹刀刮涂，贴砖时，可以由外向内一块块往前贴，也就是前进式贴砖，属于硬底做法，人可以直接踩在砖上行走。（右图百宏工程提供）

06 轻敲地砖整平

每贴好一块砖，都要借助橡胶锤在四周轻轻敲打，让瓷砖贴紧黏着剂，达到该有的平整度。

07 清洁

用海绵清洁地砖表面，拭去贴砖时残留的泥浆污块，以方便后续的勾缝收边处理。

鲨鱼剑工法施工注意事项

01 可在原地搅拌水泥砂浆

其他工法在预拌水泥阶段，常常会在角落处制作，再将水泥砂浆盛到贴砖点铺垫，但一次可全面处理的鲨鱼剑工法，是可以直接在原地搅拌水泥砂浆的，要贴多大面积，就一次处理多少。不过为了充分拌匀泥砂，铺盖全地的水泥砂浆建议用搅拌机来回搅拌数次，分批浇水，达到一定的湿软程度。

只是这个步骤较见仁见智，因为最底部要上一层土浆水，已覆盖的泥砂层势必又要翻动，究竟土浆水能不能平均浸润全部地坪，再者，有的师傅浇土浆水时，是先撒粉再浇水，用扫帚边扫边拌，是否能够彻底搅拌，无法以偏概全。

◎ 可以直接踩砖贴。（百宏工程提供）

02 锯齿抹刀一口气全抹

传统的硬底工法会在地面底部和瓷砖背面，用锯齿镘刀涂抹土膏黏着剂，通过锯齿工具制造出来的螺旋刮纹产生摩擦作用，有效生成黏着吸附力，而鲨鱼剑工法所用的锯齿抹刀，尺寸明显大许多，可以快速施工。

◎ 因长锯齿状抹刀而得名的鲨鱼剑工法。（百宏工程提供）

03 基底是硬底，要小心柱旁砖裂掉的风险

鲨鱼剑工法算是硬底施工的其中一种。遇到现在的钢结构建筑，有经验的装修师傅会尽量避免用鲨鱼剑工法来贴砖，就是担心两种硬底遇到地震，互相撞击时，在梁柱旁的瓷砖有裂掉的风险。不过早期的旧式建筑多为钢筋混凝土和红砖墙搭建，没有这方面的顾虑。

◎ 硬底施工的鲨鱼剑工法。（恒岳空间设计提供）

【适用区域】全区域地坪

厨房地砖密合度高

鲨鱼剑工法的出现，最初是为了增强瓷砖和水泥面的黏着密合度。因过去的施工方式长期使用下来，容易导致底板砂层剥落，发生空鼓现象，才诞生了能提高咬合力的鲨鱼剑工法。它可以让师傅直接踩在瓷砖上进行调整，被运用于全区域贴砖，包含厨房在内。

△ 鲨鱼剑工法贴地砖，适用范围广。（恒岳空间设计提供）

公共空间省时、施工快

鲨鱼剑工法的优势在于高效。不像大理石或硬底贴砖要做一块一块贴，贴好又不能踩在上面，鲨鱼剑工法不用一再重复工序，替装修师傅省下不少时间，相对也能降低成本。一些有时间期限压力的设计方案，会选择用该工法来贴公共空间如客餐厅的地坪，甚至整间地板的地砖。

△ 在条件允许的情况下，也能用鲨鱼剑工法贴浴室地砖。（恒岳空间设计提供）

浴厕也能迅速施工

虽说浴室以湿式工法为佳，可随着鲨鱼剑工法技术越来越成熟，有专精鲨鱼剑工法的师傅能有效调配适的砂浆比例，把砂浆浇淋在泥砂层，加速固化，加上使用好一点的益胶泥黏着剂，彼此辅助，浴室厕所也能用可快速施工的鲨鱼剑工法。

△ 鲨鱼剑工法贴地砖可以快速施工。（恒岳空间设计提供）

工法5　进阶加工：
纯手工的马赛克艺术级工艺

提到贴砖，马赛克砖的应用手法更是五花八门。马赛克砖有历史悠久的马赛克工艺当靠山，除了垂直立面的泥工范畴，还能扩及创造弧线有机体，尤其在异域风情或是强调有机线条的空间格局中，备受瞩目。靠的便是运用木芯板制造出不同弧度，拼组，再用角料固定，架构出大致的轮廓体型后，再进行贴砖。

泥工结合木芯板，玩弧度

举凡天花板、造型隔间墙等，最常见的做法是可以通过木作来创作美丽弧线。须考虑弧线的立体视觉是否一致，施工时要前后左右观察，避免落差过大，几乎是师傅现场放样，边做边调整，同时会在表面再上一层弯曲板，用来雕琢曲线。一旦确认曲线弯度，接下来就可以选择批灰油漆喷漆，或者改用砌砖增加装饰性与造型感。后者也就是装修师傅的魔法重头戏，是装修现场的纯手工魅力。

手作艺术感强，有端景功能

现在为求设计与施工方便，有的工厂会提供定制图案，将想要的花样数字转印在马赛克砖上，装修师傅可按出厂的编号说明，依图施工。不过在部分需要有手作怀旧感的空间创作中，设计师会要求师傅根据绘制的图样，纯手工贴砖，让原本重视手感艺术的马赛克砖成了空间美丽的端景。

◎ 马赛克砖与花式贴砖深受一些设计风格拥护者推崇。（采荷设计提供）

名词小知识：来自意大利希腊的工艺

马赛克，即 mosaic，可以追溯到古希腊罗马时期，使用的是镶嵌拼贴工艺。珠宝、建筑、壁画、家具家饰等领域，都有其身影。使用马赛克，多为了展现艺术的诞生。

⬥ 马赛克创意，可跨领域玩，范围很大。（Coverings 提供）

【口诀做法】花色拼贴放样要仔细

01 放样配花色

特殊图案组合，按照设计师提供的图稿，现场依序排列组合，看是否有需要临场调整的地方，像是缝隙的安排，有些复古砖要考虑它的热胀冷缩，不能一味地单用2毫米去留缝隙。

02 不同材质的瓷砖混搭，要调整砂浆厚度

如果用不同材质的瓷砖拼贴图样，要小心各个砖的厚度，如砂浆瓜过薄，部分瓷砖厚度过厚，贴剧起小屑而会凹凸不平，墙面凹凸不平尚可，但如果是地面不平，行走时很容易跌倒。

03 复杂花纹先固定

复杂纹路先固定，由繁入简，可避免出纰漏。如果没有先贴复杂图样，可以先粘贴底图花样，再将要铺繁复花纹的地方小心挖凿，剔除磨边，再行粘贴。（下图示意图由集集设计提供）

04 特殊弧度现场边磨边修

在蜿蜒有弧度处贴砖，考虑到曲面和瓷砖贴面，要现场打磨、调整尺寸，每贴一块，都要小心计算。

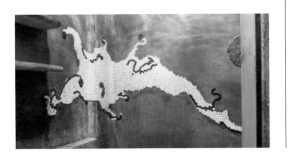

马赛克砖拼贴注意事项

01 一小块一小块地人工贴

以曲面马赛克吧台为例，木作定型、批灰修补平整后，师傅便开始上弹泥兼当防水层，慢慢贴马赛克砖。因为马赛克砖的贴法是用一片大网粘贴小块砖，就方便施工的程度来说，自然是用一整块大网覆盖最便捷，但遇到曲面构造时，师傅要依着角度一片片地慢慢贴。如果是在其他曲面上贴砖也一样。

⬥ 马赛克砖要贴曲面，要靠人工一片片来贴。（集集设计提供）

02 剪出磨边型马赛克再加工

在特殊的蜿蜒曲折处，方整的马赛克砖无法直接平铺时，师傅要用利剪裁剪马赛克砖的形状，这是相当费时又费工的工作，耗费的时间是贴一般砖的两倍，未必每个师傅都愿意这么处理，要事先沟通。

▶ 马赛克的图案多样，贴砖前要先比对确认。

03 边角磨光，减少受伤风险

在弯弧角度的地方贴马赛克砖时，要用利剪剪出所需要的形状，而后务必再用磨纸将边缘的锐角抛磨圆滑，以免碰撞受伤。贴到哪儿，马赛克砖的边角就要跟着修到哪儿。

【适用场所】全方位零限制、想表现创意的地方

墙面装置艺术

马赛克砖花色多样，拼贴图案可根据客户需要定制，根据想要的图像，通过计算机运算、工厂输出。时下马赛克砖也有量化的美丽图案，可大面积贴砌，作为墙面装置艺术的造景，也可局部性装点修饰。

🔺 利用不同马赛克砖建材，可以自由拼贴各式图样当壁画。（集集设计提供）

局部手作拼花

艺术上有专门的马赛克拼贴工艺，它不仅历史悠久，涉及广泛，而且在许多设计风格里，更是以马赛克砖来突显元素特色。马赛克砖可以让人享受自己动手的乐趣，堪称自己动手装修者的最爱，能运用碎石、玻璃和瓷砖等，在事先绘制的图案上，排列成型，用于局部装点，可当作脚踏垫、小挂画，因为其图像独一无二，极具特殊性。

🔺 家具的马赛克工艺。（采荷设计提供）

艺术级的高难度立体壁画

当马赛克拼贴艺术遇见了古典、巴洛克的繁复工艺时，所打造的马赛克壁画就更显珍贵。施工前，要仔细丈量比例，绘制贴砖的细节图，根据制图放样将瓷砖排列到相应的位置，看似对称的复杂图像，却有其贴砖顺序，须优先处理墙面瓷砖的繁复图样，再进行简易的大面积的墙面处理，而贴砖师傅更要同步考虑不同瓷砖甚至素材的不同厚度，要贴出怎样的立体感，如何安排层次深浅，这些都大有学问。

🔺 马赛克拼贴，装饰性强。（集集设计提供）

富有美感的弧线造型

在不规则弧线的蜿蜒立面上贴瓷砖时，往往需要考虑砖的平整度，每块马赛克都需要师傅小心翼翼地手工裁剪出对应的大小，还需要顾及设计风格，究竟是要手作感强一些，还是要现代主义的利落倾向，其结果各不相同。

家具装饰点

具有强烈修饰效果的马赛克砖，也能成为家具装饰运用的一部分，比如浴缸或洗手台的贴材，甚至是茶几餐桌的桌面，也可通过马赛克砖做出多种变化的创意设计。

厨房料理台成为微风景墙

因为视觉变化多，不少特殊风格会在料理台的墙面镶嵌花砖或复古砖作图案装饰，在创造视觉层次之外，方便清洁（时下已倾向于贴强化玻璃，但仍有人支持贴砖），毕竟经常做料理的人会担心料理台墙面沾染油烟。更有甚者，可以玩转整个厨房空间，例如厨房料理台上方多设计成收纳柜，虽说收纳柜是由木板制成的，但只有油漆也显得单调，这时可以用贴砖手法玩出设计新高度。

⬢ 马赛克砖、花砖可定制图案。（CEVISAMA 提供）

⬢ 马赛克装饰。（天空元素视觉空间设计提供）

线式装点的地毯视觉效果

瓷砖造型手法的创意可浅可深，有时将不同花色的花砖或马赛克砖，砌贴在大范围面积四周，围成"口"字形时，俨然有铺了地毯的视觉效果，特别是选择差异化大的瓷砖时，效果更为明显。

中岛吧台与墙面的美肌作用

整座采用人造石台面的中岛吧台已经不再流行了，不少设计师会在吧台贴砖来打造绚美效果。或是将不同花色、尺寸的瓷砖，作为腰带式贴砖处理，一来其线性图案抢眼，具有视觉延伸效果，二来花色有助于酝酿氛围，可以使格局层次变得更加丰富。

🔺 用砖的花色做装点。（CERSAIE 提供）

🔺 中岛可用贴砖来变化设计。（采荷设计提供）

🔺 欧洲乡村风格很爱拼贴艺术。（采荷设计提供）

🔺 可以用不同的瓷砖花色创造空间的边界效果。（CERSAIE 提供）

工法 6　GRC 施工工法：
玻璃纤维夸张塑形

真相

针对 GRC（Glass-fiber Reinforced Cement，玻璃纤维增强水泥）施工的特殊工法，我们请教了在曲面造型方面经验丰富的集集设计师王镇，他表示，如果想在空间中做特殊造型，单靠水泥去拉拔出形体时，容积与面积越大，支撑力越不足，越容易产生崩解危险，毕竟水泥的抗张力和抗弯力（曲度）有限，无法承受大曲面设计，所以必须要借助其他不同工种的配合，如木工和钢筋工等，先捆绑钢筋架构出立面轮廓后，再运用水泥，看是灌浆还是慢慢填补，在想要突出的立面上，一点一点地用泥砂雕塑形态，这像极了玩捏黏土的过程。

靠 GRC 夸张塑形

如果想要更突出的，有劲爆感的，比如想让吧台呈现怪诞蜿蜒的造型，天花板要有穹顶拱状，甚至想要穴居般的弧线墙面时，则少不了 GRC。先涂布玻璃纤维再抹水泥，以强化水泥的抗弯力。至于曲线的细节处理，比如想要高耸出 5～10 厘米的坡度，可以在预定曲线的附近钉钢钉，慢慢涂覆水泥，做出预设的弧面。

用金属网绑钢筋，加工玩创意

但当曲线面积较大时，便要换金属网上场，将金属网也就是钢网钉在水泥上，可以让它的表面附着力更大。随后，可根据喜好，砌上你喜爱的花色瓷砖。而除了绑钢筋的做法，如果曲面属于局部微造型，如窗边拱门，可先用保丽龙切割模型做成模板，再灌注 GRC。想玩更高级的大师级工法，可结合马赛克拼贴工艺，素材不限，金属、瓷砖、玻璃珠等均可，在表面贴出你想要的图案花色。

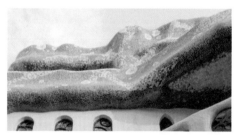

◐ GRC 属特殊工法。（集集设计提供）

◐ 贴砖艺术化升级。（集集设计提供）

【适用区域】特殊造景

醒目的建筑外墙

需要夸张怪诞的建筑造型设计时，用一般的混凝土无法达到，毕竟有承重问题，可一旦加入GRC，设计便轻松随心多了。像扎哈·哈迪德（Zaha Hadid）的有机抛物线，其中有一部分便是来自该工法。如图中的异域风格的旅店，它的外观仿佛是用黏土捏塑成形的，看似不规则没有条理的线条，却充满了手作感，实际是用GRC和保丽龙来压模设计的。

◖ 有手作感的外观采用了 GRC 工法。（集集设计提供）

◖ 夸张的塑形限定了特殊风格。（集集设计提供）

户外景观设施

抿石子抹墙壁的弧线造型景观墙、滑梯或是拱形门窗，极有可能是通过玻璃纤维掺混凝土，结合泥工施工做成的，先建构出主结构，再进行细部微调，随后进入粗底或水泥粉光程序。前者，靠贴砖来表现匠艺，后者用涂料来变换表情。

◖ 蜿蜒造型常用 GRC 塑造。（集集设计提供）

名词小知识：GRC（玻璃纤维增强水泥）

一些强调古典线板条纹的建筑外观，大部分用的是GRC轻质预铸水泥造型，即事先将水泥掺入玻璃纤维，增强其黏着塑形作用，以便和钢筋混凝土墙面完全结合。它既是绿色环保建材，也是寿命长的原料，经灌模注入后，可生产大量的线板建材。

而随着科技日新月异的发展，GRC工法也有了发展，最新的做法是不用另行开模，就能完全定制客户想要的线条形体，所以在需要怪诞夸张塑形的建筑外墙装饰时，它很受欢迎。GRC因其可塑性连景观设计也常常用到。

通识 04 材质、角度、界线定位，完美收边秘方

室内设计美观的制胜关键，在于接口收边，不同建材介质的结合处理。因为空间是立体的，天花板、墙面与地坪会有交接的边际线，而不同立面的建材未必一致，它们各有自己的热胀冷缩系数，就算是同一种建材也一样，以致在结合的边界处，初次完工验收时你以为紧密贴合的，过不了几个月，边界缝隙就开始被撑大。

缝隙变成了小"沟"，像是客厅的超耐磨地板"邂逅"了厨房的拼花地砖一样，请问该怎么画上美丽的句号？这时绝不是要靠师傅的功力，而是要选择最恰当的收边方法。

▲ 不同建材介质的接口，都有收边问题。

收边的意义 1：为了安全

楼梯的边角、梁柱、墙角的处理要小心，如果产生了尖锐边角面，人们活动时，可能会刮破衣服或刮伤皮肤，特别是在小孩常玩耍的地方，更要注重墙角边柱的收边细节。

收边的意义 2：为了细致美感

从边界和不同介质的收边处理中可以看出设计的细致程度和对美观的要求。如果天花板和墙面之间的留缝超过了5毫米，而墙角和地坪之间的缝隙又肉眼可见，即便搭配上顶级的软装装饰，也会大失美感。

收边的意义 3：等同于验收环节

业内所说的干活很"糙"，没做好施工管理，可以用收边来评判做工到不到位。商户往往对收边处理"轻描淡写"，优先考虑赶上开店吉日，只要肉眼可见的地方没有失误，就算过关了，但如果是住宅设计，验收要求就严苛许多。

🔺 瓷砖收边对空间美感至关重要。图为情景示意图。（升元窑业提供）

🔺 无缝式收边，纯粹以建材结合，将热胀冷缩的伸缩缝隙留到最小。这是室内设计师最为喜爱的手法。

🔺收边处理手法多元，有的侧重工法，有的侧重收边用材。（升元窑业提供）

收边小知识：不良收边暗藏住宅风险

水平线歪斜
阴角和阳角接缝没做好，水平线歪向一边。

走路会跌倒
不同材质的结合点没处理好，会让地面产生高低差，人们行走时容易跌倒。

容易刮伤
墙面瓷砖边角锐利，是收边没做好，容易刮伤行人。

藏污纳垢
硅利康填缝，那边剂量多，这边剂量少，没抹匀，草率收边留下缝隙，不美观不要紧，但要小心热胀冷缩导致缝隙越裂越大，不但边角会藏污纳垢，而且还会影响建材日后的使用期限。

增加修缮成本
用错收边法，甚至用了劣质的收边产品，未来修补住宅的概率大增。

▲ 细看商户的店面界面收边，还是有质量高低问题。

▲ 粗糙的收边不只影响美观，也隐约透露了施工质量。

▲ 接口收边的细致度影响风格呈现。

▲ 瓷砖边角没磨光滑，当瓷砖脱落后有尖锐边角，易刮伤。

工法 1 　抹缝处理：
补平瓷砖缝隙，求美与填坑疤

最基本的收边规则，就是处理瓷砖缝隙。每种贴砖工法的最后步骤都是清洁填缝，甚至会以石材美容收尾，也就是瓷砖缝隙的收尾细节。这里说的抹缝，单纯是指在同一个平行面上的瓷砖之间的缝隙填补作业。如果涉及其他垂直交接面，那又是另一种收边技法。

石材美容调色抛光，缝隙隐藏看不见

贴砖的固定间隔缝隙是 2 毫米，以确保瓷砖在热胀冷缩时有呼吸空间，但贴砖使用的灰泥黏着剂的颜色难免和瓷砖不协调，导致缝隙成了不美观的来源，除了可以用师傅调制的同色调灰泥补缝（瓷砖填缝剂）之外，还可做专业的石材美容，涂美容粉，用专门的机器打磨抛光，让缝隙不着痕迹。

⬢ 瓷砖填缝可媲美汽车美容作业。图为情景示意图。（三洋瓷砖提供）

基础填缝，前有静置作业，后要尽早清洁

除了讲究美观，瓷砖缝隙的填缝作业还有一项作用，那便是防护。它可以有效杜绝水汽从缝隙渗入瓷砖底层，以免让底部吸入过多水汽。

特别是在浴室，虽然瓷砖缝隙越多越好，可以帮助挥发水汽，不让浴室潮湿发霉，但那更多的是因为浴室本身的地坪有排水坡度辅助。

⚫ 外墙勾缝上色，有时只为跳出色彩，寻求美观。

⚫ 现在贴砖缝隙要求越小越好。

⚫ 市面上的瓷砖填缝剂多种多样，颜色也多，可以让填缝美化后的瓷砖美观不少。（CERSAIE 提供）

若是在客餐厅，填缝剂自然要选择高防水的材质，以避免水汽向下渗透，这儿可能没有排水坡度来帮忙。

另外，最后的填缝步骤可以微调壁砖整形或地砖的不平整之处。经过整平器校正的贴砖面，虽然维持了贴面的平整度，但仍有些许不工整的地方（肉眼不易辨别，要靠手触摸感觉），这时可以一边填缝，一边趁瓷砖还能靠敲打整平之际，做最后的弥补工作。

注意点 1： 填缝前，要先清除杂质、砂石颗粒，步骤等同于贴砖的素底整理，避免掺入灰尘。

注意点 2： 贴砖后，至少要静置 24 个小时，使瓷砖底部的黏着剂风干大半，水分得以蒸发，否则如果赶工上填缝剂，只会把水分闷在里头，久了填缝剂会掉色，甚至会产生霉斑。

注意点 3： 用海绵抹刀抹缝后，要赶紧接力做清洁工作，用湿海绵抹去过多的填缝剂，不然填缝剂很容易干，会粘住瓷砖，不好清除。

注意点 4： 填缝后，需要静置一段时间，尤其是在浴室，不能马上洒水浸水，不然会吃水龟裂，滋生霉菌斑。

⬤ 美砖需要好收边。（马可贝里瓷砖提供）

⬤ 情景示意图，花砖修饰丰富空间层次。（蒂凡诺时尚瓷砖提供）

⬤ 多边形瓷砖的缝隙处理更要小心。

工法小知识：重填缝要先刮干净缝隙

瓷砖填缝并非一劳永逸，一段时间后，可能会风化剥落，比如在较潮湿的浴室，原填缝处会卡污垢发霉，以致需要重新填缝处理。现在填缝剂多种多样，有的宣传使用纳米材质或具有防霉功效，可以根据需要选择。唯独要记住，重新填缝和重新打粗底的概念雷同，要先把原填缝剂刮干净，这样才有效果。

▲ 填缝作业，调和填缝剂抹缝隙，刚开始超出缝隙范围也无妨。（穆刻设计）

▲ 墙壁和地砖接缝的边角位置，填缝作业更要谨慎。（穆刻设计）

▲ 地面整砖抹缝处理，全区域涂抹补平。（穆刻设计）

▲ 填缝后，一定要快速用湿海绵清洁，去除瓷砖上多余的填缝剂。（穆刻设计）

工法 2

墙壁边角处理：
阴阳角通用的正角对接法

当面与面之间形成角度时，便有边角需要收边处理，最常遇到的，莫过于阴角和阳角的处理手法。在介绍收边法之前，让我们先来弄清楚何为阴角，何为阳角。

两个不同水平面的立面相接触时，所形成的凹凸角度，概念有如雕刻二分法，阴刻和阳刻。当两面向内折时，即形成所谓的阴角，而当有外折凸出的地方时，就是阳角。

向内延展折口的阴角，通常以正角对接结合的方式来收边。

○ 从阴阳角收边可以看出设计的细致程度。

○ 蓝色圈是阴角，橘色圈是阳角。

○ **正角对接，可看出墙体歪斜**

两边墙壁选用不同瓷砖时，一旦正角对接收边没做好，就会看到瓷砖裁切歪斜，墙面水平垂直线根本没有拉直对准。

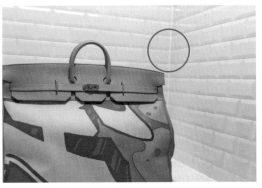

○ **瓷砖边角有斜度也会影响正角收边**

侧边有切斜角度的瓷砖，无论阴角或阳角，收边都有难度，怎么裁切瓷砖，都会凹凸不平，贴砖前须精准放样，降低孔隙产生的概率。

瓷砖叠瓷砖，
90 度垂直结合的阴角

正角对接是指瓷砖对瓷砖，两面互叠，一个当底，另一个直接叠上，好处是省工又省事。不过问题来了，若两面选用的瓷砖是不同类型的，彼此厚度不一，或者瓷砖表面本身有凹凸纹理，两者的水平翘曲不在同一基础上，可能就会衍生其他的问题。

一则瓷砖切割容易坑坑洼洼，本来平整的表面变得不平整，二则两边水平线没对准，缝隙和缝隙之间没定好中心点，影响视觉观感，让人误以为墙面倾斜歪曲。

而墙壁结构自身若整平时没处理好，装修师傅贴砖时也没拉好水平线，一错再错，也会让惜有加脊椎侧弯一样，原本正角的垂直线看起来歪七扭八。

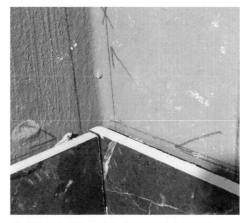

▲ 阴角正角对接，贴砖时要仔细对齐标记线。

▲ 可用废弃的木板角料当量尺，协助测量比对。

◢ 胶条硅利康辅助收尾
普通收边，在阴角位置除了用正角对接，有的还会用硅利康来填补缝隙，或以收边胶条做收尾，十分便利。

◢ 阳角正角对接，直接看出是否不平
正角对接的小缺点就在于此，两边水平线若在贴砖时没控制好，便会发生两边瓷砖不在同一水平线上的情况，且侧边没烧釉，深色砖的色差更明显可见。

凸出阳角，叠砖结合容易看到侧边没修饰

另外，在阳角用正角结合，砖对砖互叠，会见到瓷砖侧面，若瓷砖侧边没有烧釉，正好可以看到两面的衔接边界有色差。但这并没有补救方法，装修师傅会再涂抹泥砂填缝，也就是俗称的灰缝处理，将接点的缝隙抹平。

可是时间一久，这种填缝处理多少还是会剥落的，要定期维护。而且转角接缝处的宽度是大小不一的，不易整齐。所以这也反映了未来贴砖工程要注意的事项。

一是当选择的瓷砖侧边会直接露出陶土本色时，该不该和师傅说用这种工法；二是如果砖缝有明显落差，自己能不能接受。施工之前，要先和装修师傅再三确认，别全都完工后，才来反映收边问题。

🔺 马赛克贴砖，正角收边可看出是否细致。

🔺 抿石子与二丁挂外墙的填缝收边处理。

🔺 大楼建筑外墙的阳角处理。

阴角收边从施工那一刻开始，就要注意以下事项。

注意点 1： 壁砖放样标记时，要算好抹土膏与瓷砖的厚度，并弹线做好标记。

注意点 2： 瓷砖放样要谨慎计算，到底以哪个点为中心比较不用裁切砖，因为在现场砖裁得越多，越会出现瑕疵，现场裁不如在工厂用水刀裁得利落整齐。

注意点 3： 每贴一块壁砖，都要仔细丈量以确认是否对准弹线标记位置，即便还未上砖时，特别是大尺寸砖，也要量砖的头尾，有时要用激光水平仪比对，就怕挤压土膏时，造成贴砖不平整。

注意点 4： 阳角正角收边，倾向于在室外墙角梁柱上使用，室内阳角多选收边条或 45 度倒角处理。

🔺 贴砖前，要反复比对瓷砖尺寸。

🔺 墙壁没有百分之百的垂直水平。

🔺 边角处理要靠精致收边。图为易清洁大理石瓷砖系列，仅为情景示意图。（马可贝里瓷砖提供）

工法 3　瓷砖阳角处理：美感至上的 45 度倒角法

贴砖并非只考虑平面即可，还要考虑面与面的结合处，例如门框转折处、隔间墙的转角处，墙与墙的连接点，是问题多发处。因为瓷砖有一定的厚度，当两面墙体使用的瓷砖不同时，两相结合的状况下，除了要维持相同的平整性外，瓷砖之间的水平线也要统一，如果没有统一，衔接点没对准，填缝线条全都走歪，那么视觉美感就会大打折扣。

即便使用同一款瓷砖，墙面之间的结合也要尽量不留空隙，若缝差过大，则表示师傅收边没做好。

而当遇到阳角时，为求美观，设计师倾向于使用 45 度倒角，借助瓷砖背面的角度拼接成无缝状，不靠收边条，也不用正角瓷砖堆栈处理。

○ 马赛克砖平接石纹砖，也能仿效倒角手法，由工厂磨边石纹砖，磨去尖锐粗糙的边缘，当作收边处理。（恒岳空间设计）

斜度磨边，吻合是关键

所谓的 45 度角，是将瓷砖背面磨出 45 度斜角，合拼成 90 度，只是并非每块瓷砖都能那么恰好吻合，对点接上。

尤其是师傅在现场人工磨边时，多半会有误差，如果师傅磨边经验不足，会导致损耗率提高，特别是遇到较脆弱、硬度不足的砖时，一磨便碎边。

工法小知识：倒角收边

由两片倾斜的 45 度角结合的边角，因为需要彼此上下吻合，其形状外观有如鸟喙，一说是燕子口，又称鸟嘴，用以形容 45 度倒角（斜角）收边法。

真要现场磨边，也不建议一次磨到底，以降低失败概率。每磨几下，就要两相凑一起比对一下角度，多几次对点比较保险，避免事后靠补土来补救，洞反而会越补越大。此外，更要注意以下事项。

注意点1：现场人工磨角放样最准，但相对耗时，可能又涉及损料，特别是硬度低的瓷砖或进口砖最怕遇到这类问题，若选用进口砖，可以请瓷砖厂商处理背切，用机械水刀切割，整齐划一，只需在现场做些微调。

⚫ 浴室边角多，收边不能马虎。（恒岳空间设计）

注意点2：并非所有的瓷砖都能适用这完美的背切导角，如边缘是有斜度的地铁砖，背切磨角度，反而会让原有的斜角边消失，再如巧克力砖等侧边不平整的瓷砖，遇到转角地带，反而会影响倒角的收边。

⚫ 住宅浴室阳角收边，注重美观。图为情景示意图。（三洋瓷砖提供）

注意点 3：粘贴瓷砖要善用抹刀刀柄敲打瓷砖，确认是否平整咬合，再沿着放样的水平线，挤压出多余的砂浆。

注意点 4：45 度倒角虽然看起来美观，但是施工复杂耗时，人力成本比其他收边法高出许多。

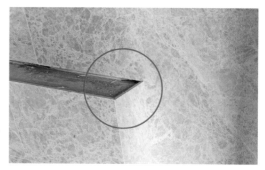

⬥ 阳角瓷砖对接，背切 45 度角。（工聚设计）

45 度倒角与正角对接的对比

	正角对接	45 度倒角
适用场所	室内外	室内外
费工程度	容易施工	费工，工资相对较高
缺点	缝隙容易大小不一；若瓷砖侧边没烧釉，会有色差	有斜角度的瓷砖无法背切；有瓷砖限制；斜切角度没取好容易对不准；若没处理，粗糙面会刮伤人

⬥ 浴室多边角，壁砖收边细节到位，才不枉选用好砖。图为情景示意图。（升元窑业提供）

工法 4
立面交接边界处理：
收边条，90 度角的收边神器

在建筑物灌浆拆模板后，师傅为保证四个角落的方正性，会用边角（条）来包覆梁柱、墙壁阳角处，并用记号标识，以便师傅整平打底时，知道该怎么"制造"方正的垂直角度。而在装修过程中，不同的垂直水平面所产生的接口收边，除了上述的正角对接与 45 度倒角收边，还有为不少人青睐且更为便利的收边条收边。

或许有部分人认为收边条丑陋，不过技术在改变，收边条的种类也日益多元化，材质有塑料的，也有金属的，外观形状可因应不同需求，有所谓的圆弧造型或锥角变化。除了阳角收边，同一平面也会用到收边条来美化，最常见的莫过于用 2 毫米金属铜条对瓷砖缝隙进行处理，来拼接花式瓷砖，让地坪图案的美感升级。

⚞ **确认放样**
贴花式地砖，须小心放样比对设计图样。（创喜设计提供）

⚞ **切缝埋铜条**
利用瓷砖切割器在地面切割出轨道，以便将极细的铜条埋入。（创喜设计提供）

⚞ **现场比对瓷砖**
正式贴砖前，建议放样排列组合图案，确认无误后再贴砖。（创喜设计提供）

收边条要慎选材质搭配

收边条种类繁多，有些为了便宜行事的装修师傅或为了节省成本的开发商，可能会选择比较便宜的收边条来做边角的收边处理。业内最常见的无非是塑料收边条。收边条本身没有错，错在搭配失衡上。

如果墙壁贴巧克力砖，砖体表面本身就有波纹，那么修饰阳角使用的塑料收边条反而会变得突兀不美观。所以收边条的运用，还是有技巧需要注意。

▲ 收边条种类多样。

注意点1：用在厨房的收边条，尽量别选浅色系，尤其是要少用塑料收边条，因为烹饪油烟多，未来容易卡污垢，而且浅色遇到高温，时间久了会泛黄。

▲ 窗框阳角收边条刚贴时要用胶带辅助固定。

▲ 处理瓷砖缝隙考验装修师傅的功力，尤其是要呈现瓷砖优雅石纹的组合。图为情景示意图。（冠军瓷砖提供）

注意点 2：墙面（通常是柱角居多）阳角贴砖时，师傅会先在阳角位置抹土膏黏着剂，根据测量放样记号，粘贴收边条，为防止晃动，可用封箱胶带临时固定。

注意点 3：窗框边或止水墩的位置，会选用收边条来修饰边角，可同步利用收边条来制造斜度，做出排水坡度。

⬆ 用错收边条，会让美感大打折扣。

注意点 4：骑楼人行道与大楼厅前衔接面，也可运用收边条修饰缓冲，这时的角度可根据状况微调，为了延展倾斜度，未必要做垂直 90 度处理。

⬆ 骑楼人行道接边可用收边条整饰。

⬆ 边角处理有赖于精致收边。图为情景示意图。（马可贝里瓷砖提供）

第四章

挑瓷砖不只要美，
也要知识打底

是了解装修工法重要，

还是价格重要?

对一般大众来说，最在意、最直接的，

是想挑一款漂亮的、质量好的瓷砖。

通识 05

根据空间需求，配对瓷砖特性，肯定不吃亏

泥瓦工帮住宅装修打底，做好基本工程，才能交棒给下个工序的工人，打造美丽的造型。人们对"泥瓦工"的直接联想非贴砖莫属。从室内设计的角度来说，设计师还会用瓷砖作为设计创意的表现，让砖不单是担当保护墙面或地坪的保护层的角色，不是平铺砌上就好，而是充满变化，用它来丰富空间层次与节奏。靠贴砖的变化来达成设计上的巧思，这样的设计师大有人在。

但不同地方和空间可以运用的瓷砖类别不同，部分又是可重叠运用的，无所谓的限制和限定，相对应的工法和手法也有差异，因此必须根据空间需求搭配对应的瓷砖，绝对不能将它们用错地方，否则生活功能会大打折扣。举例来说，明明是适合户外墙砖的二丁挂，硬要拿来贴室内墙，那便是搞错了方向；地铁砖本来适合拿来当壁砖装点，但偏偏拿它去当地砖；选了大尺寸的瓷砖贴地坪，想铺在浴室却使用了湿式工法，那便错得离谱。

换言之，瓷砖的优缺点及其特性左右着相应的工法与手法。怎么才能挑到合适的砖？当务之急，就是

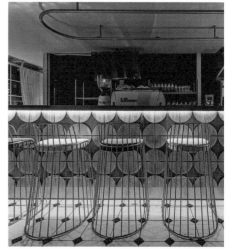

▲ 商业空间瓷砖花色视觉效果。（创喜设计提供）

▲ 角砖拼贴醒目。（创喜设计提供）

先弄懂瓷砖领域的术语。师傅经常提到的吸水率、抗弯强度、翘曲度是什么意思，你不可不知。面对琳琅满目的瓷砖种类，分类法可按烧制温度与工艺来做区分。依照烧制温度来分，可分为瓷质、陶质与石质砖；按烧制工艺来分，可细分为釉面砖、通体砖、抛光砖、玻化砖及马赛克砖等。知道这些来龙去脉，采购瓷砖也好，听师傅或设计师工人说施工细节也罢，自己才能明白个中缘由，才能不吃亏。

瓷砖小知识：烧制温度

瓷砖是将陶瓷黏土、长石、陶石、石英等混为坯土，经高温烧制而成的产品。依烧制温度的高低基本可分为瓷质、陶质与石质三种，它们适应的主要区域不同。

类型	烧制	使用区域	特点
瓷质	坯土经 1200℃ 以上的高温烧制 粉粒完全熔合	客厅地面及厨房、卫浴间的地板或墙面	石英砖质地，硬度高于石材，不会被轻易刮伤及磨损，可耐重压与重击，正常使用情况下不容易破裂
陶质	二次烧制，经 1000℃ ~ 1100℃ 高温烧制 粉粒未熔合	户外庭院专用砖	俗称"粉质砖"，表面孔隙粗大，硬度略差，易碎。具有高吸水率的特点，可以达到 17% ~ 18%，故兼具调节湿度的功能，下雨时可吸附水汽，阳光洒落时则会排出水汽
石质	除了黏土、长石以外，还必须加入能使坯体耐冷热冲击的滑石等原料，通常采用一次烧制。坯土经 1100℃ ~ 1200℃ 高温烧制 粉粒半熔合	户外空间，如中庭、阳台、走廊等，室内多见于自宅浴室、厨房、餐厅等各处的墙面	石质砖的诞生主要是为了满足大量铺在户外地面的需求。它的吸水率多在 6% 以下，不太容易因为水分反复受到冻结而产生体积膨胀的现象，进而被破坏，因此也适合使用于外墙 多上釉，比陶质砖坚硬，抗压及抗刮性能较佳；比瓷质砖轻，黏着力更强

（数据来源：汉桦瓷砖）

瓷砖小知识：烧制工艺

根据烧制工艺可细分为釉面砖、通体砖、抛光砖、玻化砖及马赛克砖等。

类型	烧制	使用区域	特点
抛光（石英）砖	抛光（石英）砖制作完成后，直接洒粉，再抛光打磨至光亮	除浴室地坪外，其他少有禁忌	①防滑性：防滑性欠佳 ②整体性：砖体薄，重量轻，硬度高，翘曲度和吸水率也比较低 ③变化性：可做出石材和木纹感 ④抗污性：烧制过程中有细微气泡，气泡造成的细微孔洞，如果不小心渗入液体，就会有吃色、脏污的问题
玻化砖	高温烧结后，让砖体坯土"玻璃化"	户外庭院	①硬度：所有瓷砖中最硬的一种，耐磨性也很强 ②质感：和抛光砖相比，它打磨光亮但不抛光 ③类型等级：市面上常听到的微晶玉、微晶石、微晶钻、超炫石、聚晶玉等名词，本质上都是玻化砖，只是档次不同
马赛克砖	干式压制法制造，把"生坯"原料粉碎后，放入模具，加高压塑形	一般泳池、体育馆常用马赛克砖。有的建筑物外墙甚至铺贴成艺术品或大型画作	①尺寸：市面上常见的小瓷砖，多在50平方厘米以下 ②变化性：规格多，质地坚硬，耐酸、耐碱、耐磨，不渗水，抗压性强，不易破碎 ③防滑性：防滑性佳，可兼具防护作用

⬥ 依照空间条件及使用者需求挑选瓷砖，相对应的工法也不能忽视。图为示意图。（创喜设计提供）

九大必懂名词：瓷砖好坏全看它

抛光石英砖、木纹砖、奥罗拉石，到底该选哪一款？虽然我们都想要好看的，但挑砖不能只看花色，还要懂一些关键词，才能挑到最合适的。以下共有9个常见专业术语，如果掌握了它们的基本诀窍，也能当半个行家。

所谓因材施教，因地制宜，其实也说明要想选对砖，除了掌握瓷砖的常识外，还要和适用场所做比对，不是你想用什么砖就能用什么砖。举个最简单的例子，户外砖墙经受日晒雨淋，热胀冷缩难免剧烈，尤其是下大暴雨时，水分相对多，若用吸水率高的砖，渗入砖里的水分子相对增加，太阳一照射，瓷砖很容易裂开，导致剥落。所以户外砖的挑选要看吸水率和抗拉力。

如此说来，不同区域都有适合它的瓷砖清单，千万不要只看花色就乱配对。而不同砖种，都有它对应的工法，哪怕是有一个环节没处理好，或工法没对应好，效果会大不同。

◐ 挑砖有门道，每种砖各有其功能，不能只看花色。图为示意图。（冠军瓷砖提供）

吸水率：先别把高吸水率的砖当室内地砖

我们常听到的吸水率的高低，指的就是瓷砖瞬间可吸收的水量的多寡，它是以瓷砖气孔能吸附的水量和瓷砖重量的百分比为标准的。数字越大，表示瓷砖的密度越低，孔隙越大，吸水越快。这也说明高吸水率的瓷砖密度低，分子结构松散，有热胀冷缩的问题，有易龟裂风险。

瓷质砖的吸水率在 1% 以下，陶质砖的吸水率在 18% 以下，石质砖的吸水率在 6% 以下，但不能因此只选低吸水率的砖，贴砖还必须确保一定的吸水率，以便瓷砖紧密咬合黏着剂，附着于墙面或地坪上，避免日后脱落。

⬢ 属于陶质类的文化石砖，多拿来当壁饰。

选购

注意色素沉淀

吸水率高的瓷砖，抗污性相对低，一旦被泼洒有色液体，瓷砖的染色概率高，特别是在厨房高油烟区，用错砖会让色素沉淀，影响美观。

吸水率高还是有功效

虽然无法用高吸水率砖铺地坪，但墙面砖墙可以其为主进行选择。

高吸水率砖施工时要浇水

吸水率高的砖，单用传统常见的水泥砂浆抹底，效果有限，改用干式工法和黏着剂，附着力反而会更好。这也是为什么师傅在贴砖前，会将瓷砖浇水打湿，其实就是为了帮吸水率高的瓷砖增强黏附力。

小知识：吸水率快筛检测法

想知道瓷砖的吸水力如何，最快的辨别方法就是在砖背后倒水，等一段时间后，观察水有无扩散或被吸收。另一种方法就像选西瓜，敲击瓷砖，然后听声音辨识，声音越清脆，表示硬度越大，与此相对，吸水率越低的砖，越感觉不到音色，那就建议不要敲击测试了。

翘曲度：大尺寸砖，要注意翘起不平整

买瓷砖时，现场工作人员会把砖平放，看是否平整，中间点和地面的空隙越大，表示越不平整，会影响贴砖，日后也会产生空鼓问题。这便是和翘曲度有关，也就是俗称的"高低差"。瓷砖在制作过程会经过高温窑烧，如果在制作过程中受热不均，瓷砖本身就无法呈现直线状态，导致后期无法紧贴地面，出现翘起在所难免。

所以如果瓷砖的翘曲度超过一定范围，瓷砖就会被列入不良品，无法使用，这也是选购瓷砖的标准之一。

◬ 砖越大，不平整的概率越高，连带裁切时，也会因不平整而易断裂。

◬ 遇到翘曲严重的瓷砖，贴砖时，所使用的整平器会增多。

◬ 大尺寸的罗特丽瓷砖米瑞石系列。（北大欣提供）

◬ 大尺寸砖被越来越多地运用在公共空间。（马可贝里瓷砖提供）

选购

选有技术保证的大厂产品

翘曲度可以展示各大瓷砖厂商品牌的烧制功力和火候掌控能力，因此也是影响各品牌价位高低的因素。也就是说，著名厂家品管严格，除了把吸水率当广告标语外，还会把翘曲度当招牌用。

施工要靠整平器补强

往往尺寸越大、面积越大的砖，越容易发现翘曲度的问题。可现在流行大尺寸砖，90 厘米 ×90 厘米的规格非常常见，屡见120 厘米以上宽度的瓷砖被拿来当客餐厅地砖用的情况，翘曲不平的状况在所难免，师傅利用瓷砖整平器、瓷砖十字固定片等来调整平整度，业主不用担心过多，只要慎选品牌及确保施工质量到位即可。

◆ 大尺寸砖翘曲度最容易被拿来做文章，但现代人又特爱大尺寸砖。

抛光砖翘曲问题少

抛光砖在制作过程中，因为要抛光，所以必须将瓷砖中央磨平，这样抛光砖不易产生翘曲度的问题。

小知识：翘曲度辞典

目前针对瓷砖翘曲率的规范，先将瓷砖分为室内、室外用砖，再细分为墙面砖或地面砖。砖面尺度越大（以长边按毫米计算），两个对角基准点之间的正负值越大，就表示砖越容易翘曲或扭曲。现行的翘曲测试要求误差在 1.2 毫米以内，测量值包括砖面"正、负翘曲""边绕曲""侧翘曲""扭曲"。

(1)正翘曲：指瓷砖四个角点皆平整，以四边角为基准，瓷砖中间隆起的翘曲高度，不得"高"于 1.2 毫米。

(2)负翘曲：和正翘曲相反，指的是瓷砖中间高度不得"低"于瓷砖四个角点 1.2 毫米。

名词 03

弯曲破坏负荷及抗弯强度：
选地砖的必要考虑点

用重物掉落撞击瓷砖，其所能承受撞击而遭受的破坏，或重压之后不损坏的程度，就是业内常说的弯曲破坏负荷及抗弯强度，即测试瓷砖承受压力的能力。所以重物掉落后，砖易碎有裂痕的，就别选。

🔺 图为金镶玉石砖情景示意图。（冠军瓷砖提供）

选购

壁砖不能全混当地砖用

我们平日行走、拖拉重物如家具等，地砖须承受间接的重量，它的抗弯强度就变得重要了。因此不能强行拿壁砖当地砖。

抗弯强度并非选购的唯一判断条件

吸水率和抗弯强度不是正相关的关系，有些大厂商生产出来的陶质砖，就因为弯曲破坏负荷足够，也可以拿来作地砖。

大厂品管好

瓷砖厂商生产的瓷砖，均须经过测试核准后才能对外售卖。如果想更安心一点，建议直接选用有口碑的大品牌。

小知识：弯曲破坏负荷比一比

在瓷砖边缘约 5 毫米处放置支撑棒，如下表所示，N 值越大，代表砖面的弯曲破坏负荷越强，抗弯强度也越高。以下为各类砖的弯曲破坏负荷的基准。

依主要用途区分	弯曲破坏负荷（N）
内装壁砖	108 以上
内装马赛克壁砖	
内装地砖	540 以上
内装马赛克地砖	
外装壁砖	720 以上
外装马赛克壁砖	540 以上
外装地砖	1080 以上
外装马赛克地砖	540 以上
马赛克面砖	540 以上

数据来源：三洋瓷砖

名词 04

硬度：和抗弯强度一起成为挑选地砖的条件

选瓷砖时，店员会提及硬度，用来说明瓷砖本身的承受力，这是瓷砖会不会碎裂爆开的坚固值。依现在施行的检测方式，硬度是和弯曲破坏负荷（抗弯强度）一起测试的，并没有使用表示物体硬度的莫氏指数。

只有钻石能达到硬度的最高级 10 级，瓷质瓷砖的最高硬度只到 7 级，大部业主爱用的大理石砖也仅达到 4 ~ 5 级。但不要为了担心撞击碎裂而特地挑选高硬度的瓷砖。还要将其他条件因素纳入考虑范围。

⬤ 瓷砖硬度也是挑选砖的关键。（Coverings 提供）

选购

硬度低的不要作地砖

可以敲一敲，听声音是否清脆，同时随机抽几片排列检查直角；如同检查耐磨度一样，在表面上拿小刀刮刮看，查看破损的断裂处是细密状态还是疏松状态，是硬、脆还是松软，是否会留下划痕，或是否散落粉末。总之，以硬度良好、韧性强、不易破碎者为佳。

石英砖的性价比高

陶质砖的硬度最低，室内瓷砖还是以石英砖为主，因为这种砖本身还具有防滑、耐磨、耐压、耐酸碱、质量轻等各种优点。

小知识：硬度这样看

莫式硬度	1	2	3	4	5	6	7	8	9	10
度量物	滑石	石膏	方解石	萤石	磷灰石	正长石	石英	黄玉	钢玉	钻石
参考物品		指甲	硬币	刀片、大理石	玻璃、花岗石		抛光石英砖	玉石	硬玉	宝玉

种类 / 项目	陶质瓷砖	石质瓷砖	瓷质瓷砖
莫氏硬度	施釉砖：3~3.9 通体陶砖：6~8	3.5~5.5	5~6 （瓷质石英砖硬度最高）

数据来源：三洋瓷砖

耐磨性：地砖要耐磨，但这不是最重要的

耐磨性是指抵抗其他物体进入表面的能力，就是表面经过摩擦或用锐利物品刮磨后，所能承受的耐磨或耐刮程度，和硬度为正相关的关系，越硬的砖越耐磨，长时间使用后，表面仍能维持一定的光滑质感。有趣的是，大家常用的抛光石英砖，其具有吸水率低，不容易造成地板空鼓等优点，但它的耐磨性却因此微降。

选购

刮样品砖通常是求心安

拿小刀刮瓷砖表面，如果釉层被刮掉，表示耐磨性低。但有些建材行则持相反的意见，如果没看过不耐磨的砖，怎么有办法判断何为耐磨？这样刮只会破坏瓷砖样品，也没办法保证订购的每一块瓷砖都完全符合标准。

室内地坪不用陶质砖

陶质砖的耐磨性最低，石质砖居中，瓷质的石英砖最耐磨，因为它可能会因石英成分足够而不用上釉，直接以通体方式处理，在人来人往的大厅，如火车站、饭店、购物商场等就经常可以看见。

小知识

耐磨评定检测，并无国际通用规则。欧美和日本的瓷砖生产以"PEI"为标准分为 6 级，级数越高越耐磨，举例而言，0 级就是无须行人踩踏的纯壁砖，1 级是壁砖，2 级是壁砖和私人活动区域如浴室等的地砖。至于我们使用的数值，根据认证标签，有以下耐磨性的参考数值。

·通体地砖磨耗体积基准：标识为可能使用于屋外地砖及屋内地砖之耐磨耗性，须符合下列所示之基准。（单位：立方毫米）

使用场所区分	磨耗体积
屋外地砖	345 以下 (a)
使用场所区分	磨耗体积
屋内地砖	540 以下 (b)

·施釉地砖耐磨耗评定之等级分类

认定有变化时的磨耗回转数	等级
100	0
150	1
600	2
750、1500	3
2100、6000、12000	4
磨耗回转数在 12000 回转时无法认定有变化时	5

注 (a) 用于行人众多场所的地砖，宜在 175 立方毫米以下。

注 (b) 不适用于赤脚行走的场所。

数据来源：庆阳建材瓷砖精品

色差：复古砖窑变就是故意要使颜色不均

早期烧窑技术不稳定，容易让同批生产的瓷砖烧制不均，颜色有深有浅，这便是色差来源。不过由于技术改良，现在工厂里有色差的状况改善许多，然而色差还是有可能发生在另一种假设状况下。如工厂同一批生产线的不同产品，A 生产线送 100 箱瓷砖出去，退 10 箱回来；B 生产线的瓷砖送到另一个地方，也退了 10 箱回来，这 20 箱瓷砖重新出货时没注意，被送到同一个地方，就会有比较明显的色差问题。

但有些砖本身在烧制时就会故意做出色差，即"窑变"，目的是让整体瓷砖的鲜活度更好，甚至将其作为它的卖点，比如复古砖、石纹砖就是最好的例子，因为这种砖仿造大自然石材，有色差才能让它显得更真实、美观。

🔺 刻意做出斑驳花色的工业风金属砖。（汉桦瓷砖提供）

选购

非窑变或天然石材出现色差要退货

消费者自行选购瓷砖时，如果有明显色差，可以要求退换货，因为这对建材商和工厂来说都是品管疏忽造成的严重失误，但不包括那些窑变的瓷砖。

不同的出厂序号，可能会有色差

瓷砖每次出厂的序号不同，瓷砖的颜色甚至尺寸方面都会有些许误差。用瓷砖铺地板，在距离 3 米远的地方观察，如果没有颜色差异，便不构成色差问题。

小知识：色差级数

现在为了满足设计创意的需求，上色不均或产生意想不到的色彩效果的窑变砖反而大受欢迎。而窑变也分等级，可分成 V1 到 V4 等级，数字越高，纹路越大。

V1：近乎零，难以察觉。
V2：颜色图纹仅有些许差异。
V3：肉眼清晰可辨，每块砖的颜色略有不同。
V4：窑变最高阶，每个纹路随机变化大。

防滑性：浴室厨房铺砖的优先参考值

采购浴室地砖时，大家都会听到防滑瓷砖，家里有老人、小孩、孕妇的，最好优先选用防滑性高的地砖，但无论是谁，再怎么健康的人，一不小心脚滑踩空，都容易在潮湿的浴室酿成意外。现在，有瓷砖厂商直接推出标榜"防滑"或"止滑"的瓷砖，主张吸水率低、凹凸起伏大，通常指表面粗糙、不施釉的"通体砖"（见后文介绍）；缺点就是少了釉的保护，表层孔隙易卡污垢，不易保持清洁。

⬛ 浴室瓷砖，用在地坪上的要能抗污止滑，好清洁，而用在墙壁上的要能调节水汽，避免发霉。（汉桦瓷砖提供）

小知识：防滑目标

关于瓷砖的防滑指数，可以国际标准检验值作为参考。美国材料与试验协会（ASTM）的 F1679 规范地面防滑系数分级，是依照防滑系数来分类的。

而德国标准化协会（简称 DIN）所制定的防滑系数，分级为赤脚止滑测试（DIN51097）及穿鞋防滑测试（DIN51130），它虽然不是针对瓷砖的，却是业界普遍参考的标准之一，如右表所示。

通过 B 级测试的瓷砖适用于游泳池、淋浴间或泳池周边，以此类推，一般住宅的浴室采用 B 级防滑砖就够了。

（数据来源：汉桦瓷砖）

等级	倾斜角度
A 级	12~18 度
B 级	≥ 18~24 度
C 级	≥ 24 度

根据美国材料与试验协会的 F1679 规范地坪防滑系数分级，地坪摩擦系数在 0.6 以上的才是防滑性高、安全性高的铺面材质。若以瓷砖面积而论，越小切面的瓷砖越防滑。不过有意思的是，防滑性的高低并没有国际公认标准，比较常用的是德国标准化协会（简称 DIN）所制定的防滑系数分级。

选购

事后补强防滑较费力

由于没有相关规范，消费者如果在家跌倒常常求助无门，无法要求瓷砖厂商负起相关责任，如果觉得家里卫浴间的瓷砖太滑，往往只能自己买防滑喷雾，或是找防滑人员来补强。

浴室瓷砖测防滑度比测硬度更重要

这几年防滑问题越来越受到重视，尽管没有相关法令的硬性要求，但一般大型、有口碑的品牌厂商，还是会自行测试并标示瓷砖的防滑度的。

家有老小的，地砖防滑性要够强

在商业空间和民宿，为了避免顾客因地滑造成意外，在挑选地砖时，商家多半会考虑抗污清洁力，并优先选用防滑性高的瓷砖；如果是住宅，则比较侧重浴室或厨房区域的防滑性。但如果家中有老弱妇孺，必须在全区考虑防滑性，像抛光石英砖，虽然已经被普及，但当沾有水渍时，穿着居家拖鞋行走，仍有滑溜感。

❶ 浴室瓷砖选择禁忌多。（CERSAIE 提供）

❶ 厨房餐厅区的地砖也要考虑抗污性。（昌达陶瓷提供）

施釉与通体：上釉抗污防吃色

瓷砖烧制完成后，可再根据有无上釉，分成"施釉砖"或"通体砖"。没上釉的统称为"通体砖"，有些石英砖的石英成分足够多，使得砖硬度高且耐刮，所以不用特别针对表面上釉作保护，但也因为这样，它的成本和砖的定价，会高于石英成分较少的施釉砖。

当然，想让石英砖呈现更多种花色，也可以施釉，方法是将石粉压模后，以烧印技法在表面施釉上色，便可创造出金属、木纹或石纹等图案。

🔺 金属或木纹砖，是通过烧印、施釉上色制成的。（汉桦瓷砖提供）

选购

高稳定性通体砖适合公共空间地坪

通体砖本身构造单纯，因此稳定性高于施釉砖，常被用于人员密度高、损耗严重的区域，如经常有人走动的公共场所大厅、商场等。但石英砖施釉后，表面硬度会因为釉料不同而产生差异，便不适用于人潮汹涌之地。

厨卫空间以抗污防滑为重点

厨房或卫浴空间常用釉面砖，因为它抗污力高又防滑，并且上釉后可以封住瓷砖纹理，因此不会有吃色、渗透的问题；缺点就是耐磨度较差，容易损坏。

小知识：缤纷花色用烧釉来变化

釉，是如玻璃状的高密度晶体，物理特性也如玻璃一般，密度与硬度都相当高。烧釉能为砖材提供抗酸、抗碱的表层保护，更是为瓷砖上花色与花样的方式，业内常见的仿木纹、大理石、花砖或金属质感花色，都是用这样的方式烧制而成的。

针孔：表面孔洞会卡污垢

工厂烧完砖上釉时，如果不小心混入灰尘，就会使釉体破坏，造成瑕疵，即施釉不完全，会出现针孔现象，像是表皮出现了橘皮似的粗大孔状。瓷砖有针孔对施工层面来说完全没有影响，主要的影响就是不美观，而且有针孔的地方就表示失去了釉体保护，也就是说比较容易脏，容易卡污垢，在清洁时也会比较麻烦。反过来看，没上釉的通体砖，便比较不会有这类问题。

▶ 表面越光滑平整如水煮蛋，表示该砖质量越高。图为示意图。（北大欣提供）

选购

针孔多表示品管差，可暂不选用同厂瓷砖

瓷砖如果有针孔，表面会有一个洞，外观看起来相当清楚、明显，出厂包装时，品管部门就会严格筛选。

难免偶遇瑕疵，以能退换货为首要考虑因素

一般瓷砖店展示的是完整的样品，消费者选购时无从察觉，通常是整箱的瓷砖送到工地时，由贴砖师傅逐片检查时发现。这事关工厂的信誉与质量，所以建材行和瓷砖产商都会协助换货。

小知识：次级产品多用在商业空间

有针孔的瓷砖，工厂通常会以"次级品"的方式处理，将其贴在一般人不会看到的地方，如建筑公司大量采购后将其贴在仓库地板这种地方。

十大买砖迷思：免踩线又能抬高性价比

款式一样，但一个贴有爱马仕的商标，另一个干干净净没有品牌标识的包，如果不以价钱优先论的话，你会从架上拿哪款包？当然，我们会不自觉地拎起爱马仕的包。这是因为我们会被精品洗脑诱惑，选购瓷砖也是如此，总认定大牌产品有质量保证，然后，又喜欢花色美丽的，把花色漂亮放第一位，而后才是质量。

不过，当设计师带你挑砖或你自己去选购时，真的只看花色就可以吗？难道没有要注意的问题，以及你看不到的行规？其实，有些产品的背后是暗藏玄机的，需要自己的聪明判断。

▲ 别只顾选花色，更要紧的是背后暗藏的细节。图仅为示意图。（汉桦瓷砖提供）

▲ 现在用瓷砖玩花色、秀装饰的创意居多。

挑砖注意点 1：生活习惯

居住人口特性会影响瓷砖种类选择。例如家有老弱妇孺的，要注重防滑性。料理习惯偏中式的，厨房多油烟，要注重方便清洁。

挑砖注意点 2：环境条件

空间的使用性质左右瓷砖的挑选范围。例如马赛克砖尺寸小，多用于装饰或浴厕局部，很少在客厅中大面积使用。浴室地砖要能防滑，免得洗澡时滑倒受伤。

挑砖注意点 3：砖的功能特性

不能强行更改瓷砖的功能属性。例如户外墙专用的二丁挂、文化石不可以拿来当室内地砖。不是所有壁砖都能用来贴地坪，但地砖可以用来贴墙。

迷思 01 业务员热情解说这款砖正在特惠中，花色又美，可以优先选购？

如果有瓷砖厂商的业务员用价格来诱惑你，而你的预算又架在脖子上，如果能降低装修成本，为什么不降呢？有自己想要的花色，又有优惠，当然可以订了再说。但平常不怎么降价的瓷砖，突然来个特卖价，这时你要注意，货量到底充不充足，质量有没有问题，瑕疵损料是不是会超出预期。

⬆ 复古花砖颇受时下室内设计师的推崇。

⬆ 多边造型的六角砖人气高，也考验师傅贴砖整齐功力。（穆刻设计提供）

选购

低价位可能货量不足

与平常价格落差大，很有可能是因为这款大降价的瓷砖已经不再进货或停产，仓储库存量少，商家着急清仓，才会以优惠价清出。

清库存可能导致未来货源短缺甚至断货

着急出清的瓷砖单品，想趁便宜购买，自然没问题，但要小心的是，如果需要贴砖的面积很大，可能会有货源量的问题。

清仓品很有可能是折旧换货来的

泥瓦工师傅会预留砖瓦给设计师或业主，以满足日后维护的需要，部分清仓品可能折旧货量不多，日后想维修可能会出状况。

⬆ 没有一个贴砖工程不耗损瓷砖，除了砖的质量，师傅施工不小心也是损耗原因。图仅为示意图，非指特定厂商或品牌。

迷思 02 复古花砖、地铁砖，遇到亲民价，不要马上买！

一般业主在装修设计时，会自己亲赴建材行挑选瓷砖。喜欢北欧极简或乡村风格的，想必对地铁砖并不陌生，不过地铁砖的价位行情也是三级跳，如果瓷砖老板报给你亲民价，你也要切记产地不同，品质更是大不同！

对设计师来说，他们倾向于使用从西班牙或意大利进口的瓷砖，因为这几个地方的窑烧技术佳，花色也有较多选择。近年来一些非欧洲国家的瓷砖也正在崛起，大有赶超欧洲的趋势。

⬤ 花砖情景示意图。（汉桦瓷砖提供）

选购

产地迷思存在已久，难根除刻板印象

全球对瓷砖烧制品管没有统一的规范，中国将瓷砖标准分为五级，欧盟分为四级，每个地方也会有一套合格标准，以致瓷砖质量难以掌控。早些年，较老一辈的人会认为东南亚进口砖售价低廉，容易攻占市场，但烧釉技术差，多瑕疵，砖贴久后容易碎裂。

吸水率比产地在哪里更重要

真正影响质量的是瓷砖的吸水率、翘曲度与硬度，购买时可以向商家询问相关信息，而不同场所需要的瓷砖种类不同，吸水率也有选择标准，不可厚此薄彼。

窑烧技术才是关键口碑

近几年，印度尼西亚、马来西亚、越南产地瓷砖的烧制技术水平逐年提升，不能再以产地来论质量高低，唯一怕的是黑心商家，拿着东南亚产的货充当欧洲进口货，抬高价格。

认清瓷砖包装上的商标

一切都要问清楚，讲明白。最好是在瓷砖背后（坯底）有商标和基本标识，同时留意包装盒上的工厂序号，这些都有蛛丝马迹可循。

进口砖会更有质感?

进口砖比本土砖好?这是不能一概而论的。因为就算是西班牙、意大利等有百年制砖历史的国家,也会分小厂、大厂;同样,中国也有大小厂之分,而中国的大厂当然还是会比西班牙、意大利的小厂质量有保障,比如有些西班牙小厂的铁道砖,以中国标准来看只能算第三类粉质砖。

当然小厂也有质量优秀的砖品,如果消费者想仔细比较,可以要求瓷砖厂出示"测试报告",逐一比对。

● 无论是进口还是本地制造,都有其优势与强项。图仅示意。(汉桦瓷砖提供)

选购

国产砖的强项是石材

国产瓷砖的最大优势在石纹砖质量上,尤其是纹理的处理、色彩的掌握,都相当自然、真实且高雅。

欧洲进口砖花色多变

多数室内设计师挑选进口砖,主要是因为欧美的强项在于设计,时尚流行节奏较快,如果想要花砖、复古砖等造型砖,多建议优先考虑西班牙、意大利品牌。

迷思 04 因为价格卖得很低了，所以不能退货？没错，的确如此！

当品牌以特惠方式进行促销时，会有特惠品不能退换货的要求。被列入特惠组合，可能是因为该瓷砖产品停产，要尽快消耗库存，尽快出清，遇到这种情况，商家都会再三声明不能退货。但如果有瑕疵，如拆封检查时发现断裂，则可另议。

另外一种不能退货的，可能是马赛克砖和一些有特殊花纹的花砖，它们的产量有限，可能也不能退换货。

不过也只是有这种可能，尽管厂商为求出清而要求建材行不可退货，但建材行出于利润或其他各种考虑，如果没有调货困难等，还是会允许客人退换货。

△ 马赛克砖艺术墙很受欢迎。

选购

买前多问几句不吃亏

消费者在选购时，如果遇到特别优惠的砖，也要有敏感度地先问清楚之后能不能退货。买卖本身就是双方合议的事情，真的选到低于市价许多的砖，消费者就要做好心理准备，毕竟羊毛出在羊身上，这句话不是假的。

包装纸别乱丢，退换货用

退换货时，要将砖完整地包在原厂提供的纸箱里，因为纸箱外层贴有瓷砖生产批号、序号、数量等相关信息，原厂要以此为凭据验收，如果包装盒不完整，厂商店家有理由拒绝退换。

别专挑稀奇古怪款，避免断货风险

清库存的砖面临停产问题，不可退换。就算原工厂仍在生产，也会因不同时间、不同技术、不同釉体等原料问题而产生色差和质量上的差异等。大抵而言，买通用尺寸，如 30 厘米 ×60 厘米、80 厘米 ×80 厘米的，日后换砖时会好找很多。

迷思 05 买预售房，开发商在合约中注明了建材使用品牌，却也可能换等价值的其他品牌，有被吃价风险？

在购买合约中，会标注使用的建材，包含瓷砖、浴室设备、厨房三机（抽油烟机、燃气灶、洗碗机）用品的品牌，以供业主确认，同时注明日后如有更换，会以等值品牌替换。这也是买预售房的争议点所在，究竟更换的是不是等值，怕是难以界定。一般签订买卖合约时，会要求开发商除了备注原配品牌外，也要列清商品的型号、市场定价，万一真要换同等品牌，也可拿出来比对确认，避免日后产生纠纷。

🔺 预售房瓷砖更换原则须在合约中说明。图仅示意。

选购

开发商配的瓷砖都是大众化产品

因为开发商大批采购的关系，价格明显比市价优惠许多。受限于成本，他们选用国产砖的概率远高于进口砖。至于瓷砖花色或种类，大体来看，以大众化为主。

找设计师装修，以毛坯房状态最好

为避免纠纷，同时考虑到消费者偏好较有造型或其他质感的瓷砖建材，往往会在交房后，对整屋装修进行更换，所以越来越多的案例以毛坯房形式交房。

可先问退款差价，再来决定让不让开发商贴砖

开发商拿到的瓷砖价格是批发价，比自己跑建材行的价格还要亲民，真要退换砖，不妨委托开发商进行，一来开发商比较知道市场行情；二来日后如果有问题，可通过开发商去协调。

无论是自己贴还是开发商贴，都要预留备用瓷砖，以便更新维护

可将剩下的瓷砖保留，以备日后更换使用，毕竟是同批商品，比较没有色差问题。

迷思 06　明明是同厂产品，承包师傅报价都不一样，是为求保险抬高价位，还是会被狸猫换太子？

在烧窑生产过程中，不能保证件件瓷砖都烧制成功，一定有部分瓷砖烧釉不均，产生些许瑕疵，即产品合格率未必可以达到 100%。不符合质量标准的瓷砖，会在品管环节因为瑕疵问题而被扣下，比如花纹烧得不自然、烧错了，颜色过于饱和、上色不均，或是施釉不完全造成针孔、表面不平滑、厚度和翘曲度不一等。这些会被归为二级品，但并不代表不能使用，最令人担忧的是消费者漏查了批号和级别标志，被人以二级品充当一级品而不自知。

🔺 找有信誉的商家，或者由设计师主导较能安心。

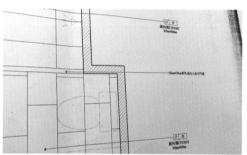

🔺 设计师会在施工图上写下瓷砖品项，供工人确认。

选购

同一生产线也有一、二等级品的质量差别

二级品虽然是可以用的，但存在些许瑕疵，它的颜色不均倒是其次，主要是因为它属于不良产品，翘曲度误差多，会导致后期施工损毁的概率偏大，瓷砖日后的空鼓概率也会大增。另外，二级品瓷砖很少提供保修服务，甚至不能退换货，所以住宅尽量别用二级品。

序号背后有玄机

每家瓷砖厂针对自己的产品，都有严谨的货号及序号命名方式，包含厂牌名及各类相关信息，可以说就是同一批瓷砖的身份证，送至建材行时，这个号码通常会以贴纸形式贴在样品上。消费者到建材行选购瓷砖时，可直接拍下你所选定的编号和样式，货运到工地后，再拿手机照片和瓷砖纸箱外的编码比对，以确保是自己选购的瓷砖。委托第三方承包，也可做同样的要求。

迷思 07 要买的瓷砖现场没货，要回原厂调或是从库里拿，
容易遇到重组的退货砖！

我们在选购瓷砖时，建材行会表示，如果日后使用有剩余，可以带原包装退货；从承包工程来说，为了方便师傅作业，会先多运一些备料到工地，以免到时候砖不够，无法紧急补货，等工程完毕后，再回收多余的瓷砖。

这样一来一往，工地现场搬运难免会碰撞、磨损，有时候收回来的箱子再出货时，多少有些折痕，但这并不代表砖的质量糟糕，它们一样是通过一级品管出厂的。而剩余退还的砖，通常会被归在重组砖中，等同于全新的二手建材，虽然有价格差，但并非不能用。

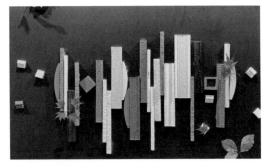

🔺 图为情景示意图。

选购

剩料退回的重组砖还是有品质保证的
重组砖不等于被退还的瑕疵砖，消费者担心的莫过于拿到滥竽充数的产品。对建材行来说，是为了师傅行事方便。为避免麻烦，部分建材行不提供采购后的退货服务。

外纸箱包装不等于一切
退掉剩余的瓷砖，要连纸箱一并送回，和有些在线购物退货时要原纸箱包装一样。尽管瓷砖全新，但原厂无法再提供全新的纸箱包装，因为这事关瓷砖序号，多由工厂直接喷码，无法替换。

买前问清货源再决定
通常因剩余退回的瓷砖，会被列入一级特惠组，因为大部人还是想避开重组砖或退货砖，所以部分建材行将这类瓷砖划成优惠产品，尽快清库存。我们在采购时，也可反向询问优惠价的产品是否仍享有保修服务，能否再进行退换。

迷思 08 买瓷砖干脆请建材行连工带料一起包，可以把价格再谈低一些？

一般贴砖工程，可以请装修师傅代为采购瓷砖，或者自己买好后找人来施工。师傅哪里找，渠道很多，网络、亲友团推荐，甚至可以请建材行代为委托，但再怎么洽询，还是要自己"明察暗访"，以确认师傅的施工质量、为人品行等，最要紧的是有无保修，出了问题好不好找人，这才是关键点。

⚫ 有些室内装修工人分得细，贴砖还分贴壁和贴地，贴的区域不同，找的师傅也不同。

选购

商家因为执照的关系，只能推荐非雇用的师傅，未来有问题难卸责

有些商家会打出买瓷砖送施工服务的旗号，包工包料，这主要是营销策略，施工的费用还是要另外计算的。因为如果建材行本身没有工程施工执照的话，是没办法发包工程给装修师傅的，换言之，建材行只能推荐装修师傅，由业主自行评断是否使用。

建材行介绍师傅，自己也要先了解

建材行推荐装修师傅，通常都会找过往客户口耳相传比较有保障的，或是合作多次已有默契的工人。部分业主会觉得这样的方式比较保险，出了问题也只需要找一个窗口解决。不过还是要事先询问清楚，出了事由谁来负责。

咨询自己合作的工人比较快

若是业主自己先找好师傅，再去建材行选购，其实可以借助装修师傅的专业，由他们来为业主把关瓷砖质量、选购技巧，消费者不用迷失在瓷砖海洋中。但再怎样，也是货比三家最好，消费者可以同时找师傅，并请建材行帮忙推荐，只要记住一个大原则，便宜绝对没好货，就可以避免上当。

迷思 09 单看样本就可以挑到好砖？
求自然花纹的，未必！

现在的室内设计很爱用大尺寸砖，带有自然石材纹路花色的，很受业主喜爱，其三维效果图让人甚感满意。但往往在贴砖后或者直接看到瓷砖本身时，会有另一种反应："怎么跟当初看的不一样？"记住，你在挑砖时，只看到了单片样本，自然会有效果差。尤其是自然石材花纹，每块砖的纹理都不尽相同，有时候真的不能仅凭自行想象，你可以在瓷砖到货出厂前，先行验货，降低你的想象误差。

🔺 用有石纹的瓷砖贴整片区域的时候，着重纹理的展开样貌。图仅示意。（汉桦瓷砖提供）

选购

因为是纯天然，才难以控制纹路发展

天然石材，比如大理石、奥罗拉石等，纹理是天然的，不可控制，不是同一块石头，切割下来，色泽和花纹便不一致，小面积铺贴倒没有感觉，但是遇到大面积时，纹路变化会更明显，视觉效果可能与示意图不尽相同，所以老字号建材行会对各类成品、半成品有系统的拍照、存盘，让消费者一边选购，一边对比效果。

窑变砖花色不一，正式贴砖也要仿真图案

天然石材砖的花纹色泽不一，复古砖在烧制过程，也会出现色泽不均的问题，造成同一批出产的砖，有些颜色深，有些看似上釉没到位，不要因此便急着退货。业主自行购买前，可以先询问店家瓷砖的特性，再行决定。

迷思 10 想跨县市买砖，图便宜省成本，但建材行交代要跨区商讨！

业主自行到建材行挑砖，就是为了省费用，不想被中间商抽一手，有时考虑到花色种类，所在地可找寻的资源有限，会到东市找货，到西市看款式，最终下订单时，可能遇到跨区建材行不负责运送的棘手事，变成要自己运载货物。而有的建材行拒绝跨区，比较常碰到这种情形的是大型工地、大型开发建设项目，一般小项目比较没有该问题，不能送的主要原因很简单，就是瓷砖厂本身没有运往该县市或区域的货运车辆。

⬤ 谁都想买便宜砖，但有些行规还是要遵守。

选购

量少想跨区，可能被酌情收运费

我们耳熟能详的大品牌瓷砖不太会有不能跨区运送的问题，因为它是全国经销，但的确有些厂商会选择单区经销，就是只送市内的客户，太偏远的小乡镇不送等，这和公司发展策略有关，因为它要保障瓷砖价格的平衡。

大品牌没跨区问题，但运送到偏远乡村会先商讨

最常见的情形就是某地经销的瓷砖比其他地方便宜，因为这个地方货源最充足、消费人口多，瓷砖店为了生存比较容易砍价；久而久之，其他县市的工地客人也会去该地挑货，这对所在地县市的经销商当然不公平。只是要真的跨区送货，瓷砖厂当然也不会阻止，通常要多付运输费。

真要跨区，还是有方法可解决

业主径自到建材行选购瓷砖，和老板交谈之间很容易提到工地（施工处）在哪里，如果你刚好选到不送你那个区域的瓷砖，老板自然会提醒、告知，之后双方再来商讨解决办法。

五大空间推荐：按需求挑特性，配工法

我们在挑选瓷砖时，常会听到要选吸水率低、硬度高、方便清洁的瓷砖。不过，空间环境条件、使用者的生活习惯等会影响瓷砖的选择范围。并非只要我喜欢，没什么不可以。

瓷砖的尺寸大小和本身的特性，和施工工法相对应，在彼此的交叉影响下，才能正式确立挑砖的"选择权"，尤其是涉及工法不匹配时，挑再美、再好的砖都无用。

⬢ 砖的花样越来越多，设计师通过瓷砖来变换创意更是常见。（创喜设计提供）

浴室瓷砖讲究防水和抗污

浴室，你不会在那儿待很久，但使用频率有可能很高，那里更是住宅中水汽最多的功能空间，原因在于用水次数多，使用马桶、刷牙、洗脸、洗澡等都要用到水，即便采取干湿分离的设计，还是会有湿气产生，所以当浴室防水没做好时，水汽会沿着墙垣地坪缝隙跑，久而久之就会酿成漏水危险，造成楼下住户天花板滴水。我们选的浴室瓷砖也扮演着重要角色，首先要考虑的是找吸水率低的，然后是选择耐脏方便清洁的。

⬤ 浴室设计重防水，挑选瓷砖也要很讲究。（工聚设计提供）

选购

地砖能快干的好

挑选浴室瓷砖，要考虑吸水率、安全性和抗污性（方便清洁的程度，即耐脏度）。优先考虑的是吸水率，毕竟浴室水分多，选吸水率高的，只会让浴室变成滋生霉菌的绝佳温床。

方便清洁、抗污性强

有凹凸纹路的瓷砖容易藏污纳垢，加上家中自来水是硬水，水分蒸发后会有白垢产生，深色砖很快就会产生脏污。

⬤ 自来水如果是硬水，深色砖容易产生白垢。

要能防滑，抓地力够

家中有老人、小孩或孕妇，很怕浴室有滑倒风险，所以特别需要防滑性高的瓷砖。像表面有纹理的板岩砖、复古砖等，都有较高的防滑性，即便赤脚在上面行走，也不用担心有跌倒问题。然而，时间久了，表面越凹凸，越会卡污垢，耐脏度受到考验。

小尺寸砖透水快，方便行走，就是缝隙太多，易卡污垢

对有洁癖的人而言，绝对会拒绝容易引起发霉藏污的瓷砖，除了不考虑表面凹凸的瓷砖，也不会将尺寸小的瓷砖，如马赛克砖、六角砖、小块的复古砖等列入购买清单。因为砖越小，产生的缝隙越多，当缝隙多了，卡污垢概率就会大增。

⏏ 仿大理石砖

利用数字喷墨技术制造可以媲美天然石材纹路的仿大理石砖。这种砖大致可分为抛光、雾面和岩面三种类型。随着技术的进步，砖的尺寸也越来越大，因其抗污性高，易清洁，使用场所的限制较少，用作浴室壁砖最常见，也有人将其当地砖，但要慎用，地砖还是以防滑性强的为佳。（汉桦瓷砖提供）

⏏ 马赛克砖

可选一面主墙来使用，或作局部装饰，因为它是一个个小方块，所以砌砖的缝隙变多，优点是缝隙多的地方好排水，不用担心地板湿漉漉的，并且能防滑。不过，马赛克砖的特色是优点也是缺点，缝隙多，脏污就容易多发。（恒岳空间设计提供）

⏏ 板岩砖（石板砖）

由纳米釉料技术打造的防滑砖，表面平滑不粗糙，色泽纹路可媲美天然石材，遇水可形成吸盘效应，增加双脚和瓷砖之间的摩擦力，并同时拥有耐磨易清洁的特色，干湿区域空间都适用。（冠军瓷砖提供）

厨房瓷砖要能防污，好擦，抗油烟

因为烹饪的关系，煎煮炒炸难免有油渍，酱料不慎打翻，可能会溅到地面或墙壁上，小心深色酱料渗进瓷砖里。种种油烟污垢问题，无论是壁砖还是地砖，好清洗是一大要素，所以人们多会选用施釉砖及表面光滑的砖。如果比较瓷质和陶质的砖，瓷质石英壁砖的吸水率在 3% 以下，全抛釉壁砖的吸水率更是能低到 0.5% 以下，反观陶质砖，因为其吸水率高，壁砖吸水率在 18% 以下，所以在使用方面没有瓷质砖合适。

吸水率越低，代表烧窑温度越高，砖的强度越大。强度是以弯曲破坏负荷评比的，全抛釉砖的强度大于 2200 N，瓷质的大于 1200 N，陶质的仅大于 700 N。所以瓷质砖致密坚硬，内在稳定性较高，更有不易吸收油污的特质，而且比较耐擦洗。而石质壁砖，因施釉层是雾面的，除非是为了配合特定风格设计，否则很少有人采用。至于地砖，耐磨、防滑是基本条件。

⬆ 厨房中丰富视觉层次的贴砖。（采荷设计提供）

⬆ 拥有天然石纹的数位喷墨大理石瓷砖，其方便整理和抗污特性深受喜爱现代风格的人士推崇。（冠军瓷砖提供）

选购

浅色易脏，但好打理

认证过抗污性后，再根据颜色挑选瓷砖，冷色系可以产生空间放大的视觉效果，比暖色调理想。另外浅色系还有一个优势，一旦脏了就很明显，反而有助于清洁。

花砖的装饰性大于功能性

怕单调，可以适当增加花砖来点缀，柔化整个空间，但是要留意花砖位置，毕竟砖小的话留缝就会多，越靠近油烟机、炉具，就越会卡油垢。现在的厨房设计，倾向于在料理台面的墙壁上漆后，覆盖一层强化玻璃，使其表面光滑，更易清洁。

厨房地砖也要选防滑的

建议使用通体砖，家里有老人和小孩的，也可以直接使用防滑砖。而且为了好清洗，不要选用日后容易卡污垢的砖的尺寸，通常 30 厘米 ×60 厘米、60 厘米 ×60 厘米或是 50 厘米 ×100 厘米都能避免这个问题。同样，表面有凹凸的瓷砖也容易藏污纳垢，要尽量避免。

◢ **花砖（青花瓷砖）**
通常，设计师会运用四方小块、图案缤纷的花砖来当厨房壁砖使用，但大多充当腰线的装饰性角色，放在地坪上，也是点缀性的。（汉桦瓷砖提供）

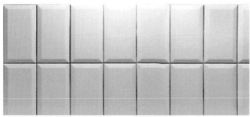

◢ **巧克力砖、地铁砖**
喜欢乡村或工业风的人士，颇爱使用地铁砖或巧克力砖当壁砖，但这类瓷砖边缘是斜边设计，并非平面，所以在贴墙面遇到墙角时，需要裁切瓷砖，还要格外注意所使用的收边法。
（开物设计 / 天工工务所执行提供）

◢ **金属砖**
特意窑变制成的瓷砖，外观色泽较不均一，有的表面并非全部平整，甚至褪色。金属砖也属于窑变类，有如掺入了金属光泽，可刷纹仿旧处理。这类瓷砖多作点缀性运用，尤其在商业空间，是极佳的视觉烘托法宝。（汉桦瓷砖提供）

客餐厅用大尺寸砖彰显大气，木纹砖替代木地板

在现在的住宅空间规划中，大多数人会选用木地板营造公共空间的温暖情调，在客餐厅运用木纹砖。早期瓷砖技术还没那么先进，贴 40 厘米、50 厘米尺寸的砖实属正常，可现在的市场一味追求大尺寸砖，就像液晶电视，尺寸越来越大，有回不去的迹象。

我们总结的原因是客餐厅是一个家的门面，大尺寸的瓷砖铺起来，不但能增强空间的延伸感，而且能彰显家的明净、大气，所以极受一般消费者的欢迎。如大尺寸的抛光石英砖、（仿）大理石砖，就是选购客厅地砖时的首选，而且抛光石英砖和玻化砖还有增加室内亮度的好处。

一些马赛克砖、青花砖、六角砖等，通常可作为餐厅壁砖或地砖使用，兼作边界，特别是墙面，可营造出视觉端景。

⬥ 木纹砖的视觉质感不输真的木地板。（汉桦瓷砖提供）

⬥ 大尺寸石板砖，通常被用来彰显公共空间的大气之态，图为琳琅灰系列。（冠军瓷砖提供）

选购

地砖要够硬，耐刮，耐磨

从现实层面考虑，客厅最有安置家电的需求，平日移动家具的机会也比其他厅室多，所以耐刮、耐磨是必备条件。

注意大尺寸砖背后的施工风险

室内地砖最常见的尺寸是 50 厘米、60 厘米、80 厘米，但扮演公共空间角色的客厅越来越倾向于使用大尺寸砖，尺寸落在 90 厘米 ×90 厘米到 60 厘米 ×120 厘米之间，甚至还有更大尺寸的。对装修师傅来说，大砖未必比小砖好贴。

◆ 大理石砖

由天然石材直接切割成砖，不同的石材纹理有不同的变化，因此天然大理石砖的售价较其他瓷砖高，而纹理变化难以制式模块化。现在有用石材研粉压模后打造的天然石材纹路的瓷砖，如图所示的卡拉卡白大理石瓷砖。（冠军瓷砖提供）

◆ 木纹砖

近来室内地坪多以木地板来表现，主要看中其木质结构的温润质感，触感没有瓷砖冰冷，但现在的瓷砖烧制技术先进，瓷砖表面色感可以效仿木地板，甚至还能仿木纹路，打造出波纹状效果。而木纹砖的好处在于它易清洁打理。（汉桦瓷砖提供）

◆ 抛光石英砖

以前，抛光石英砖在室内设计的运用频率颇高，除了它的价格亲民外，重点还在于它好打理。它是高温烧制的，吸水率低、硬度高、抗折强、施工便利，尺寸也越做越大，适合作为公共空间的地砖。（冠军瓷砖提供）

外墙骑楼阳台要经得起风吹日晒

电梯大厦、独立式住宅等建筑，因为其外墙直接暴露在外，没有任何保护，要经历风吹日晒，除了用混凝土粉光外墙和抿石子外，绝大多数人会选用贴砖方式来保护外墙，而适合外墙的砖，一般表面比较粗糙，主要是能够为墙体提供防水保护，其他可用瓷砖的造型变化也会比较少，以二丁挂砖为主，也有红砖、板岩砖。

大楼的骑楼部分，可以通过雨棚减少外在环境的影响，但每天面对车水马龙、人来人往的场面，要能够承载重量，因此选择瓷砖时，硬度、抗弯强度都需要注意，防滑性能也要考虑进去。不过骑楼贴砖更重要的是与之相匹配的贴砖工法，如果砖和工法配错，很容易造成瓷砖裂开脱落。再看看阳台区域，同样也有风吹日晒的问题，还要考虑排水，地砖是否易于排水，是采购时优先考虑的重点。

◎ 户外砖能否承受风吹日晒的温度变化，是挑砖的关键。（明代设计提供）

◎ 建筑外墙要防止日后瓷砖脱落，这非常考验师傅的功力，更考验各项相关工程的质量。（引里设计提供）

墙砖要排水快，能调节湿气

外墙砖的选择不外乎二丁挂、板岩砖、石英砖等材质。瓷砖要能呼吸，主要选择可以快速排水的。贴砖时，要把瓷砖之间的缝隙留得足够大，毕竟外墙砖要经历日晒、风吹、雨淋，如此强烈的热胀冷缩，外加建筑物如果有西晒问题，瓷砖贴砌一段时间后，就容易有剥落危险，所以黏着剂也是关键，尽量别选低价劣质的来用。

除耐磨防滑外，地砖还要能承压耐磨

因为通体砖表面不上釉，具有坚硬、耐磨、防滑的特性，且样式古朴，用在户外空间更显自然。

⬤ 二丁挂

丁的标准宽度为 60 毫米，后来演变成一丁、二丁，甚至四丁等尺寸。不过每家烧制和生产砖的过程不同，导致各家尺寸略有差异。其优点在于可以贴在外墙上阻挡第一波水汽侵袭结构体。它属于常见的户外砖建材，除了用在外墙上，也能当局部装饰使用，即作为贴砖的收边或勾边。上方右图为冠军瓷砖原生石系列。

⬤ 抿石子

混合石头与水泥砂浆，可依需求掺入不同色泽的石砾，比如琉璃石、黑胆石等，创造颜色深浅不一的抿石子，因为石砾大小不一，所以有凹凸触感。虽不易清洁，却不用担心日晒雨淋，因此常拿来在外墙使用。

⬤ 2 厘米厚的砖石板砖

可用在外墙、大楼人行道的石板砖，带有天然岩石的自然纹理与色彩，吸水率低又耐磨防滑，图为朱诺花岗岩系列。（马可贝里瓷砖提供）

特殊墙体重视装饰性

特殊墙体重视装饰性，除了主要功能空间的地坪和墙面瓷砖的需求，运用瓷砖的花色图案进行排列组合来创造视觉效果的也大有人在，甚至用它来衔接各个空间场所，这时候瓷砖的装饰性往往大于功能性。

比如，在一般住宅中常见一体无隔间的设计，玄关虽面积小，却是来访者第一眼看到的区域。彰显它独特气质的责任就落在了各类建材身上。选用瓷砖装饰玄关，以石材拼花及进口砖最受欢迎，大理石砖、复古砖也不错，总之就是要选最有明显视觉效果的。

除了砖的种类，能在一个小空间内呈现复杂拼法的墙体也能吸引人们的目光。廊道或其他装饰性墙面，如电视墙等，重点在于"装饰"，通常也是业主最喜欢参与设计的部分，各类砖都有可能在此发挥作用。

不过，相同空间还是尽量选用同一种砖，如果使用混砖，就要考虑贴砖工法和瓷砖特性。毕竟家是要长久住下来的空间，耐看、耐用也是一切的重点。另外，文化石也是热门选择。

⬥ 利用贴法来变换壁砖纹理。（马可贝里瓷砖提供）

⬥ 电视墙刻意保留板岩的凹凸不均特性。（明代设计提供）

⬥ 油漆上色后，电视墙设计又不一样了。（明代设计提供）

造型瓷砖用在转换区域

入门玄关区作为空间的转换地带，以能跳脱主视觉瓷砖花色为主，因面积不大，在数量方面可追加原面积数量的 0.5 倍当损料。未来的剩余量可充当备品维修用。

大尺寸砖搭配腰线花色的贴法，创意满满

现代人爱用大尺寸砖，选购时要注意大尺寸砖的翘曲平整性，也要注意师傅施工有无照规矩来。

马赛克砖可以量身订图案

马赛克砖可量身订制数码转印图案，摇身变成挂画，跳脱人们原来对瓷砖的印象。

用工法来打造特殊墙设计

用作装饰用途的墙面，需要依靠瓷砖色泽图样，还要依靠设计师的创意，如同明代设计公司打造的电视墙，是直接用凹凸不匀的板岩拼贴的，然后再二度上漆着色。

◔ 瓷砖未必只能买单色，可以用同款混色搭配。（冠军瓷砖提供）

◔ 大理石与抛光砖配件

特殊纹路的砖适合用在装饰性区域。也可利用瓷砖设计，在大面积铺砖区域内掺入其他图样花色，打造层次感。（马可贝里瓷砖提供）

◔ 六角砖

瓷砖形状为多边形，在砌砖过程中，要和设计师讨论图形排列，与其相衔接的介质，更要考虑好收边方式。（汉桦瓷砖提供）

◔ 马赛克砖

小格子状的马赛克砖，可根据需求和喜好变换图样。一般的现代居家风格，铺贴面积小，方便变化施工，花色自由度高。（汉桦瓷砖提供）

🔺 花砖和马赛克砖拼贴工艺，成为室内设计装饰的热门手法。（CERSAIE 提供）

🔺 花砖混搭拼贴，时下很受欢迎。（白马瓷砖提供）

⬥ 马赛克砖变化手法多，地壁砖都有花式作法。（CERSAIE 提供）

附 录

装修工法专有名词表

粗底、粗坯

拆除混凝土灌浆模板后，用水泥砂浆将墙壁地面补平，或拆除原本的地壁砖，整平凸凹不平的表面。通常，粗底的纹路颗粒感较强，属于施工整平的基础工程。

一皮

砌红砖的计量单位，一层砖代表一皮。

标志牌

标记粗底施工厚度的标准标记。

灰缝

指砌砖墙时，砖与砖之间的砂浆层，又称砖缝。水平方向的灰缝叫作横缝，垂直方向的则称作竖缝。一般灰缝厚度大概是 1 厘米。

空鼓

由于材料的热胀冷缩，地砖或墙面与接触面有膨胀中空现象，敲打时会有空鼓声音。

填缝与抹缝

瓷砖缝隙用水泥填满补平，称作"填缝"；用软刮刀（海绵抹刀）抹过水泥，则称作"抹缝"。

交丁

指瓷砖或木地板的排列方式，当瓷砖、木地板交错排列时，称为"交丁"；如果如同"井"字棋盘格状，上下排列，没有交错，则是"不交丁"。

流鼻涕

墙壁水泥粗底没有抹均匀，导致墙面下方呈现波浪隆起状。

水泥粉光

粗底之后的工序，又称细底粉光，由于砂石需要先过筛，把大颗石砾筛出来，所以砂浆颗粒较细，产生的孔隙比粗底小，触摸起来的手感较光滑细腻。

伸缩缝

不同建材介质间的结合处需要预留的缝隙，以使建材有热胀冷缩的空间。就像贴砖要在瓷砖之间预留 1～2 毫米的缝隙，或瓷砖和天花板之间的接缝也要预留伸缩缝一样。

排水坡度

排水坡度是指在需要排水的地坪（浴室），每100厘米就要设计下降1厘米的坡度，以利于水的流动。

瓷砖工法

可分为硬底和软底，软底又可分为湿式、干式、半干湿式。说明如下。

软底干式大理石工法：又称松底工法

水泥砂浆半干半湿式。软底干式大理石工法需要干拌水泥砂浆，用水量极少，可同步进行打底和贴砖，贴砖的砂层厚度（高度）要够，贴砖前需要浇砂浆水浸润。贴砖进行方式需要由内而外，不能踩在砖上。

软底湿式：或称作湿式软底

水泥砂浆的水较多，用捧尺一刮，砂浆就会跟着流动。要在半干未干的湿软状态下贴砖，属于传统工法。由于其水分多，水汽蒸发后，砂层容易下陷，所以适合拿来贴小块砖；大尺寸的砖重量大，重压会影响砂浆层，导致地砖空鼓，因此现在使用较少，大多用于浴室等小面积空间贴砖。且在施工过程中，人不能踩在瓷砖上作业。

鲨鱼剑工法：干式软底、改良式大理石工法

贴砖时，用大型的锯齿状抹刀，一次抹平施工范围，因为抹刀的锯齿像鲨鱼牙齿，故而得其名。它延伸自大理石工法，水泥砂浆属于半干半湿状，以求能够大面积施工，提高效率，故又被称作改良式大理石工法。贴砖方式可由外到内，人可以站在砖上，从内部敲打整平出去。

硬底工法：可称作干式工法

需要二次施工，先用水泥砂浆打底抹平，等风干后，再次进场进行贴砖作业。

合作厂商致谢名单

工聚设计
📍 台中市北区忠明路 424 号 20 楼 -1-22 室

大湖森林设计
📍 台北市内湖区康宁路三段 56 巷 200 号

三洋瓷砖
📍 新北市莺歌区八德路 16 号

天空元素视觉空间设计
📍 台北市中山区南京东路二段 108 号 12F 之 18

北大欣股份有限公司
📍 台北市内湖区新湖一路 185 号 5 楼
（台北设计建材中心 / 罗特丽瓷砖内湖形象馆）

引里设计
📍 新北市新店区安民街 355 号 1 楼

恒岳空间设计
📍 台北市中山区林森北路 50 号 4 楼之 1

长佑开发有限公司
📍 桃园市中坜区山东里 11 邻山大二路 180 巷 5 号

升元窑业
📍 桃园市观音区广兴一路 137 号

冠军瓷砖
📍 苗栗县竹南镇大埔里 13 邻竹篙厝 200-7 号

马可贝里瓷砖
📍 苗栗县竹南镇大埔里 13 邻竹篙厝 200-7 号

开物设计
📍 台北市大安区安和路一段 78 巷 41 号

用视觉有限公司
📍 台北市大安区新生南路一段 103 巷 9 号

白马瓷砖
📍 桃园市杨梅区电研路 5 号

百宏工程
📍 桃园市桃园区信光路 54 号

明代室内设计
📍 台北市光复南路 32 巷 21 号 1 楼（台北）
桃园市中坜区元化路 275 号 10 楼（桃园）

采荷设计
📍 高雄市三民区河堤路 532 号 11 楼

昌达陶瓷
📍 桃园市观音区富源里新富路 215 号

集集设计
📍 台北市信义区景云街 22-1 号 3 楼

创喜设计
📍 台北市松山区南京东路三段 311 号 8 楼

汉桦瓷砖
📍 台北市内湖区行爱路 77 巷 16 号 5 楼

穆刻空间设计
📍 新北市树林区大雅路 12 号 2 楼

宝与建材行
📍 花莲县吉安乡 201 号南昌

图书在版编目（CIP）数据

装修不返工：装修工法破解全书 / 美化家庭编辑部著. 一 武汉：华中科技大学出版社，2022.8
ISBN 978-7-5680-8326-3

Ⅰ. ①装… Ⅱ. ①美… Ⅲ. ①住宅－室内装修－基本知识 Ⅳ. ①TU767

中国版本图书馆CIP数据核字（2022）第123984号

泥作工法大全：一点就通 装修不NG！
美化家庭编辑部

本书简体中文版由风和文创事业有限公司授权华中科技大学出版社有限责任公司在中华人民共和国境内
（但不含香港、澳门、台湾地区）独家出版、发行。
湖北省版权局著作权合同登记 图字：17-2022-050号

装修不返工：装修工法破解全书　　　　　　　　　　　　　　　美化家庭编辑部　著
ZHUANGXIU BU FANGONG: ZHUANGXIU GONGFA POJIE QUANSHU

出版发行：华中科技大学出版社（中国·武汉）　　　　电话：（027）81321913
地　　址：武汉市东湖新技术开发区华工科技园　　　　邮编：430223

策划编辑：贺　晴　　　　　　　　　　　　　　　　封面设计：王　娜
责任编辑：贺　晴　　　　　　　　　　　　　　　　责任监印：朱　玢

印　　刷：武汉精一佳印刷有限公司
开　　本：710 mm×1000 mm　1/16
印　　张：12.75
字　　数：240千字
版　　次：2022年8月第1版第1次印刷
定　　价：79.80 元

投稿邮箱：heq@hustp.com
本书若有印装质量问题，请向出版社营销中心调换
全国免费服务热线：400-6679-118 竭诚为您服务